U0325342

公共建筑

PUBLIC BUILDING

2013 建筑＋表现

北京吉典博图文化传播有限公司

III

中国林业出版社

图书在版编目（CIP）数据

2013建筑+表现．3，公共建筑 / 北京吉典博图文传播有限公司编．
-- 北京：中国林业出版社，2013.5
ISBN 978-7-5038-6998-3

Ⅰ．①2… Ⅱ．①北… Ⅲ．①公共建筑－建筑设计－中国－图集 Ⅳ．①TU206

中国版本图书馆CIP数据核字(2013)第055072号

主　　编：李　壮
副 主 编：李　秀
艺术指导：陈　利
编　　写：徐琳琳　卢亚男　谢　静　梅　非　王　超　吕聃聃　汤　阳
林　贺　王明明　马翠平　蔡洋阳　姜雪洁　王　惠　王　莹
石薛杰　杨　丹　李一茹　程　琳　李　奔
组　　稿：胡亚凤
设计制作：张　宇　马天时　王伟光

中国林业出版社·建筑与家居出版中心
责任编辑：成海沛、李　顺
出版咨询：（010）83228906

出　版：中国林业出版社（100009 北京西城区德内大街刘海胡同7号）
印　刷：北京利丰雅高长城印刷有限公司
发　行：新华书店北京发行所
电　话：（010）8322 3051
版　次：2013年5月 第1版
印　次：2013年5月 第1次
开　本：635mm×965mm，1/16
印　张：21
字　数：200千字
定　价：350.00元

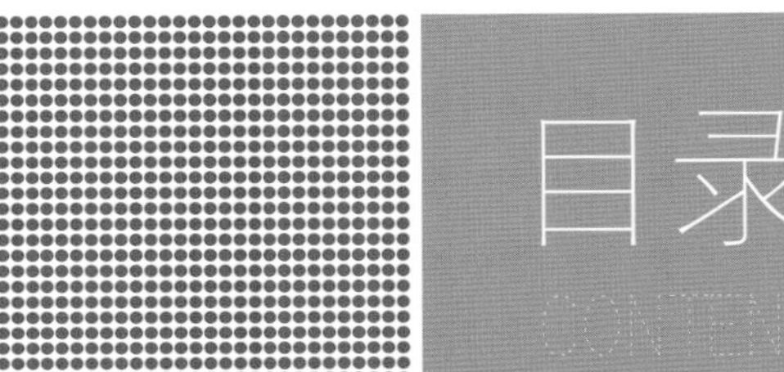
目录
CONTENTS

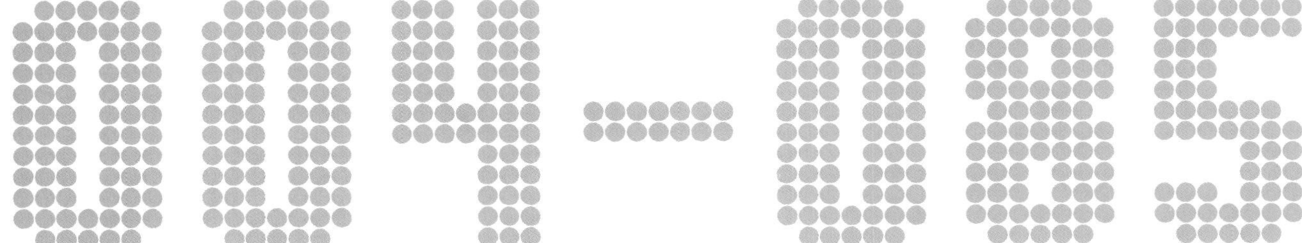

酒店宾馆

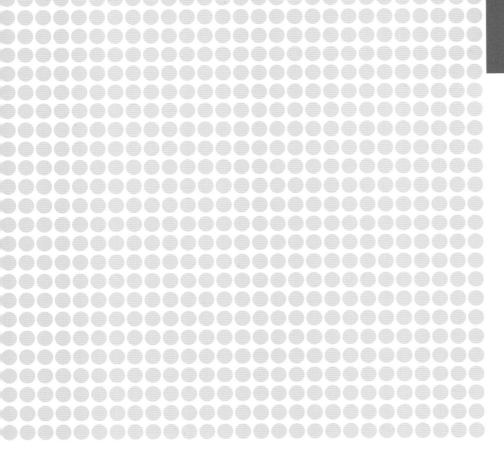

HOTELS AND GUESTHOUSES

2013 建筑＋表现

1

2

3

1 2 某高档酒店

设计：德国海茵
绘制：丝路数码技术有限公司

3 宝中一号酒店

设计：开朴
绘制：丝路数码技术有限公司

1 2 3 4 海南某酒店

设计：北京正东　田林
绘制：成都市浩瀚图像设计有限公司

4

1 2 海南某酒店

设计：北京正东　田林

绘制：成都市浩瀚图像设计有限公司

1

2

1 2 龙沐湾酒店

设计：香港华艺建筑设计
绘制：深圳市水木数码影像科技有限公司

3 4 心道酒店

设计：大陆建筑设计有限公司　李兵
绘制：成都市浩瀚图像设计有限公司

3

4

1 福田酒店方案一

绘制：武汉市自由数字科技有限公司

2 福田酒店方案二

绘制：武汉市自由数字科技有限公司

3 风清港酒店

设计：武林建筑工程有限公司
绘制：杭州潘多拉数字科技有限公司

3

1 长沙某酒店

绘制：深圳市深白数码影像设计有限公司

2 **3** 某超高层酒店

设计：重庆大恒建筑设计有限公司
绘制：重庆瑞泰平面设计有限公司

3

1 国际海上海酒店

设计：青岛北洋建筑设计有限公司
绘制：丝路数码技术有限公司

2 创智天地酒店

设计：天华一所
绘制：丝路数码技术有限公司

3

3 世茂象山酒店

绘制：上海携客数字科技有限公司

4 凤岭酒店

设计：北京世纪千府国际工程设计有限公司南宁分公司
绘制：深圳尚景源设计咨询有限公司

4

1 某超高层酒店

设计：重庆大恒建筑设计有限公司

绘制：重庆瑞泰平面设计有限公司

2 昆明度假酒店

设计：翰嘉

绘制：丝路数码技术有限公司

2

1

4

1 某酒店

绘制：重庆瑞泰平面设计有限公司

2 恩施酒店

设计：华都建筑规划设计有限公司
绘制：丝路数码技术有限公司

3 某国宾馆

绘制：上海今尚数码科技有限公司

4 黄山某酒店

设计：MAD
绘制：丝路数码技术有限公司

西青酒店

设计：麦格斯建筑设计
绘制：天津天砚建筑设计咨询有限公司

1 海茵酒店

设计：德国海茵
绘制：丝路数码技术有限公司

2 3 武进中通酒店

绘制：上海今尚数码科技有限公司

3

1 2 3 云南太平项目酒店

设计：香港华艺建筑设计
绘制：深圳市水木数码影像科技有限公司

1

2

3

1

2

3

1 2 3 云南太平项目酒店

设计：香港华艺建筑设计
绘制：深圳市水木数码影像科技有限公司

4 某酒店

设计：戴维德
绘制：北京尚图数字科技有限公司

4

1 龙子湖宾馆

设计：上海 PRC 建筑咨询有限公司
绘制：上海瑞丝数字科技有限公司

2 云南江城五星酒店

设计：中国美术学院风景建筑设计研究院
绘制：杭州博凡数码影像设计有限公司

3 崇明明珠湖酒店

设计：天华五所
绘制：丝路数码技术有限公司

4 某酒店入口

绘制：长沙工凡建筑表现

3

4

6

7

1 2 3 4 北京水镇酒店

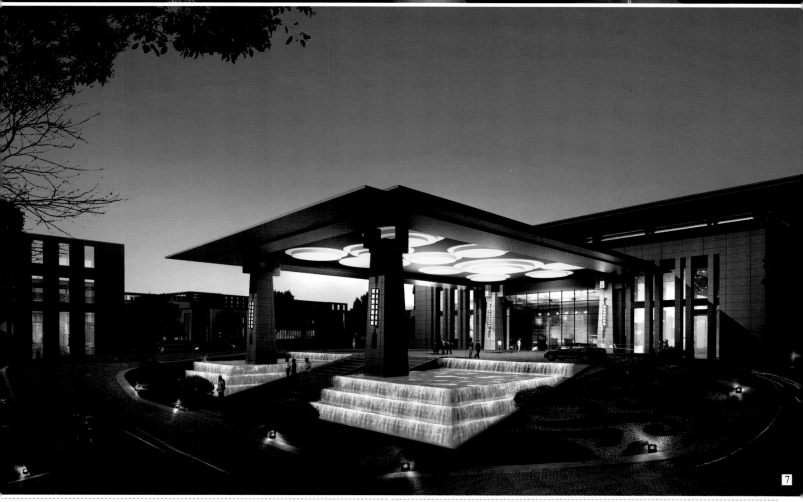

设计：赵鼎
绘制：杭州弧引数字科技有限公司

5 某国宾馆

绘制：上海今尚数码科技有限公司

6 7 盐城绿地酒店

设计：上海鼎实建筑设计有限公司
绘制：上海艺筑图文设计有限公司

1

2

1 2 3 4 桔钓沙酒店

设计：同济人建筑设计有限公司

绘制：深圳瀚方数码图像设计有限公司

3

4

1 2 3 4 5 桔钓沙酒店

设计：同济人建筑设计有限公司
绘制：深圳瀚方数码图像设计有限公司

3

4

5

1

1 2 3 4 5 某宾馆

设计：舟山规划建筑设计研究院

绘制：杭州骏翔广告有限公司

2

3

4

5

1 2 3 4 日喀则某酒店

设计：北京王孝雄设计有限公司成都分公司　范晓东
绘制：成都市浩瀚图像设计有限公司

3

4

快捷酒店

3

4

1 2 3 喜来登酒店方案二

设计：中科设计院

绘制：合肥唐人建筑设计有限公司

4 5 喜来登酒店方案三

设计：中科设计院

绘制：合肥唐人建筑设计有限公司

5

1 2 3 4 5 海南中端酒店

设计：北京正东　田林
绘制：成都市浩瀚图像设计有限公司

3

4

5

1 2 3 桔钓沙酒店

设计：同济人建筑设计有限公司
绘制：深圳瀚方数码图像设计有限公司

2

3

1

2

3

1 2 3 桔钓沙酒店

设计：同济人建筑设计有限公司
绘制：深圳瀚方数码图像设计有限公司

■1 信宝酒店

设计：同济大学建筑设计研究院（集团）有限公司综合设计四所
绘制：上海日盛 & 南宁日易盛设计有限公司

■2 海口某酒店

设计：成都思纳史密斯建筑设计有限公司
绘制：成都上润图文设计制作有限公司

■3 ■4 ■5 沁阳某酒店

设计：中机十院国际工程有限公司（洛阳分公司）
绘制：洛阳张涵数码影像技术开发有限公司

4

5

1 某单体酒店

设计：河北建筑设计院
绘制：丝路数码技术有限公司

2 某酒店

绘制：武汉市自由数字科技有限公司

3 海南某酒店

绘制：杭州弧引数字科技有限公司

4 **5** 太原凯越大酒店

设计：杭州泛城建筑设计有限公司
绘制：杭州拓景数字科技有限公司

6 厦门集美某住宅地块酒店

设计：厦门合道工程设计集团有限公司　赵建群　辛华
绘制：厦门众汇 ONE 数字科技有限公司

4

5

6

1 **2** 某国宾馆

设计：中南建筑设计院
绘制：宁波筑景

3 连南酒店

绘制：东莞市天海图文设计

4 某度假酒店

设计：工大　张工
绘制：合肥市包河区徽源图文设计工作室

5 金堰酒店

绘制：成都上润图文设计制作有限公司

3

4

5

1 2 3 4 5 6 西藏某酒店

设计：成都思纳史密斯建筑设计有限公司
绘制：成都上润图文设计制作有限公司

4

5

6

1

2

3

4

5

1 2 3 4 张家口某住宅区酒店

设计：圣帝国际建筑工程有限公司
绘制：北京力天华盛建筑设计咨询有限责任公司

5 长沙奥园酒店

设计：天华六所
绘制：丝路数码技术有限公司

6 山东某酒店

设计：交大　盛老师
绘制：上海冰杉信息科技有限公司

6

1 2 3 洛阳市芳林路酒店

设计：河南智博建筑设计有限公司
绘制：洛阳张涵数码影像技术开发有限公司

4 某宾馆

绘制：大连景熙建筑绘画设计有限公司

5 某石油地块酒店

设计：舟山规划建筑设计研究院
绘制：杭州骏翔广告有限公司

4

5

■■■ 福州酒店

设计：北京易兰建筑规划设计有限公司
绘制：北京图道影视多媒体技术有限责任公司

■ 九州花园大酒店

绘制：江苏印象乾图数字科技有限公司

3

4

1

3

4

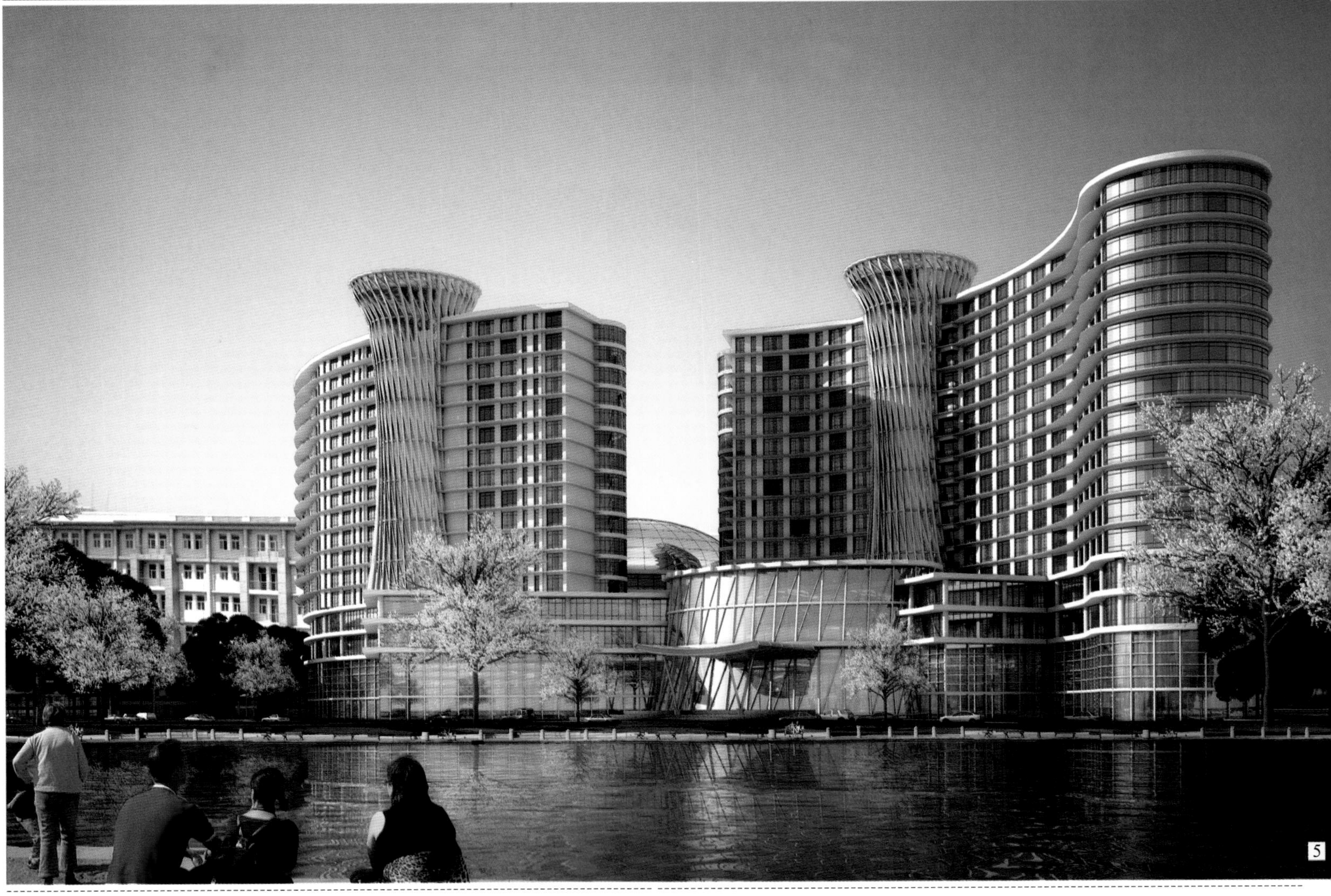

5

1 2 3 海阳某酒店

设计：山东同圆设计集团有限公司
绘制：济南雅色机构

4 5 张家界酒店

设计：溪地国际（原中建国际）
绘制：深圳市千尺数字图像设计有限公司

1 某酒店

设计：开放建筑
绘制：丝路数码技术有限公司

2 嵊泗酒店

设计：美国 HOOP
绘制：深圳市方圆筑影数字科技有限公司

3 天海湾温泉酒店

绘制：丝路数码技术有限公司

4 5 温州某酒店

设计：宋明忠
绘制：上海瑞丝数字科技有限公司

4

5

1

2

1 **2** 海南某酒店

绘制：深圳瀚方数码图像设计有限公司

3 **4** 江油宾馆

设计：四川原境建筑设计有限公司
绘制：绵阳市瀚影数码图像设计有限公司

4

1
2

1 2 3 雪野湖酒店
设计：绿城设计院 王江峰
绘制：上海赫智建筑设计有限公司

4 5 某酒店
设计：山东同圆设计集团有限公司
绘制：济南雅色机构

3

4

5

1 泉州圣拉沙酒店

设计：厦门众汇 ONE 设计咨询有限公司　郝工
绘制：厦门众汇 ONE 数字科技有限公司

2 东方花园酒店

设计：成都思纳史密斯建筑设计有限公司
绘制：成都上润图文设计制作有限公司

3 某小区酒店

设计：中外建建筑设计公司
绘制：深圳市原创力数码影像设计有限公司

4 某酒店

设计：北京中元国际设计研究院
绘制：北京华洋逸光建筑设计咨询顾问有限公司

1

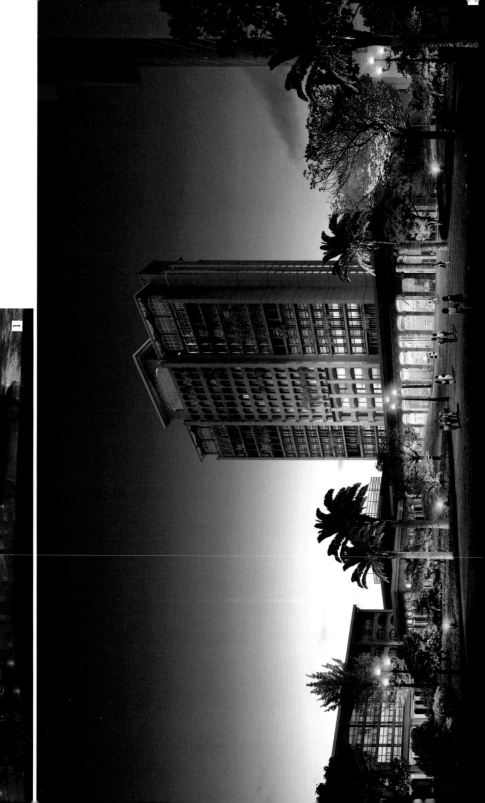

3

4

1

2

1 华尔登酒店
绘制：武汉市自由数字科技有限公司

2 舟山私人岛屿酒店
绘制：上海今尚数码科技有限公司

3 某商务中心酒店
设计：中南院
绘制：宁波筑景

4 大庆交通宾馆
设计：哈尔滨工业大学建筑学院
绘制：哈尔滨一方伟业文化传播有限公司

3

4

1 2 太湖湾酒店

绘制：江苏印象乾图数字科技有限公司

3 4 解放南路某酒店

设计：天津大学
绘制：天津天唐筑景建筑设计咨询有限公司

3

4

1

3

1 2 3 某酒店

设计：上海久上维朴建筑设计
绘制：上海瑞丝数字科技有限公司

4 罗马尼亚风情酒店

设计：深圳市建筑设计研究总院
绘制：深圳市深白数码影像设计有限公司

5 重庆得森花水湾温泉酒店

绘制：成都上润图文设计制作有限公司

6 无锡滨湖饭店

设计：大原建筑设计咨询（上海）有限公司
绘制：丝路数码技术有限公司

4

5

6

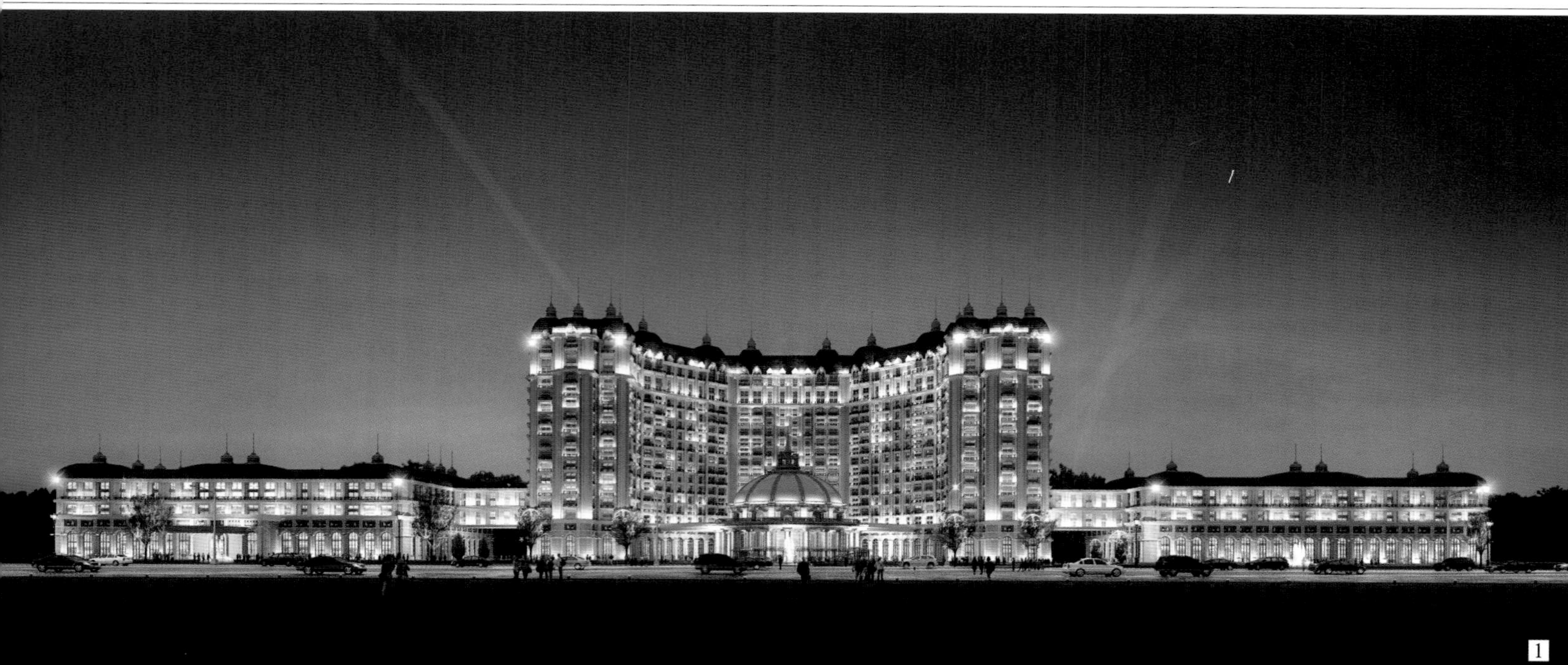

1 嘉祥永昌酒店

设计：北京清尚环艺建筑设计院
绘制：北京东方豹雪数字科技有限公司

2 山东某宾馆

设计：山东建筑设计院上海分院
绘制：上海艺筑图文设计有限公司

3 4 5 6 某酒店

设计：北京中元国际设计研究院
绘制：北京华洋逸光建筑设计咨询顾问有限公司

3

4

5

6

1 2 烟台某酒店

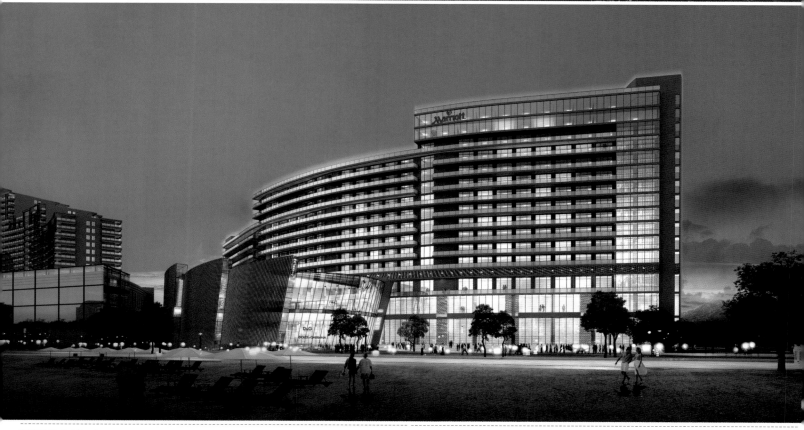

设计：现代建筑设计院　雷俊
绘制：上海赫智建筑设计有限公司

3 4 城北酒店

设计：上海申联建筑设计有限公司
绘制：绵阳市瀚影数码图像设计有限公司

5 淮安某酒店

设计：安徽筑远建设设计规划院
绘制：合肥三立效果图（森筑图文）

3

4

5

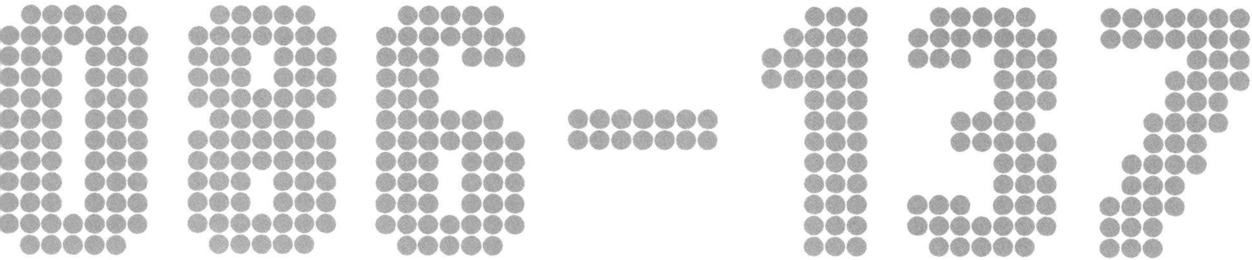

文化建筑

CULTURE BUILDING

2013 建筑 + 表现

1 2 3 百色规划展馆

绘制：上海今尚数码科技有限公司

2

1

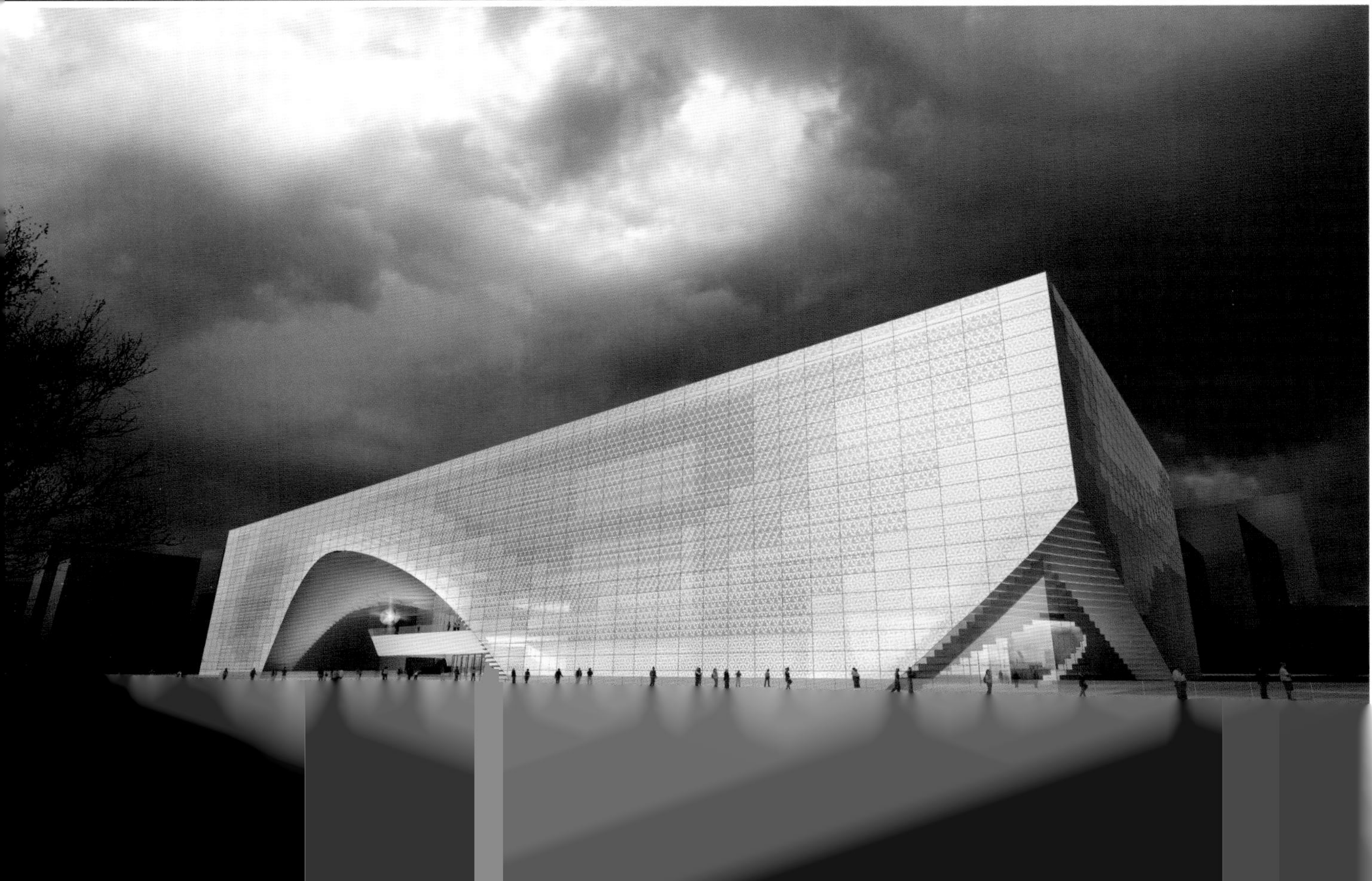

内蒙古鄂尔多斯展览馆

设计：现代建筑设计院　何学山
绘制：上海赫智建筑设计有限公司

1

2

1 2 3 4 内蒙古鄂尔多斯展览馆

设计：现代建筑设计院　何学山
绘制：上海赫智建筑设计有限公司

3

4

1 某科技馆

绘制：杭州弧引数字科技有限公司

2 3 4 山东美术馆

绘制：上海今尚数码科技有限公司

2

1

3

4

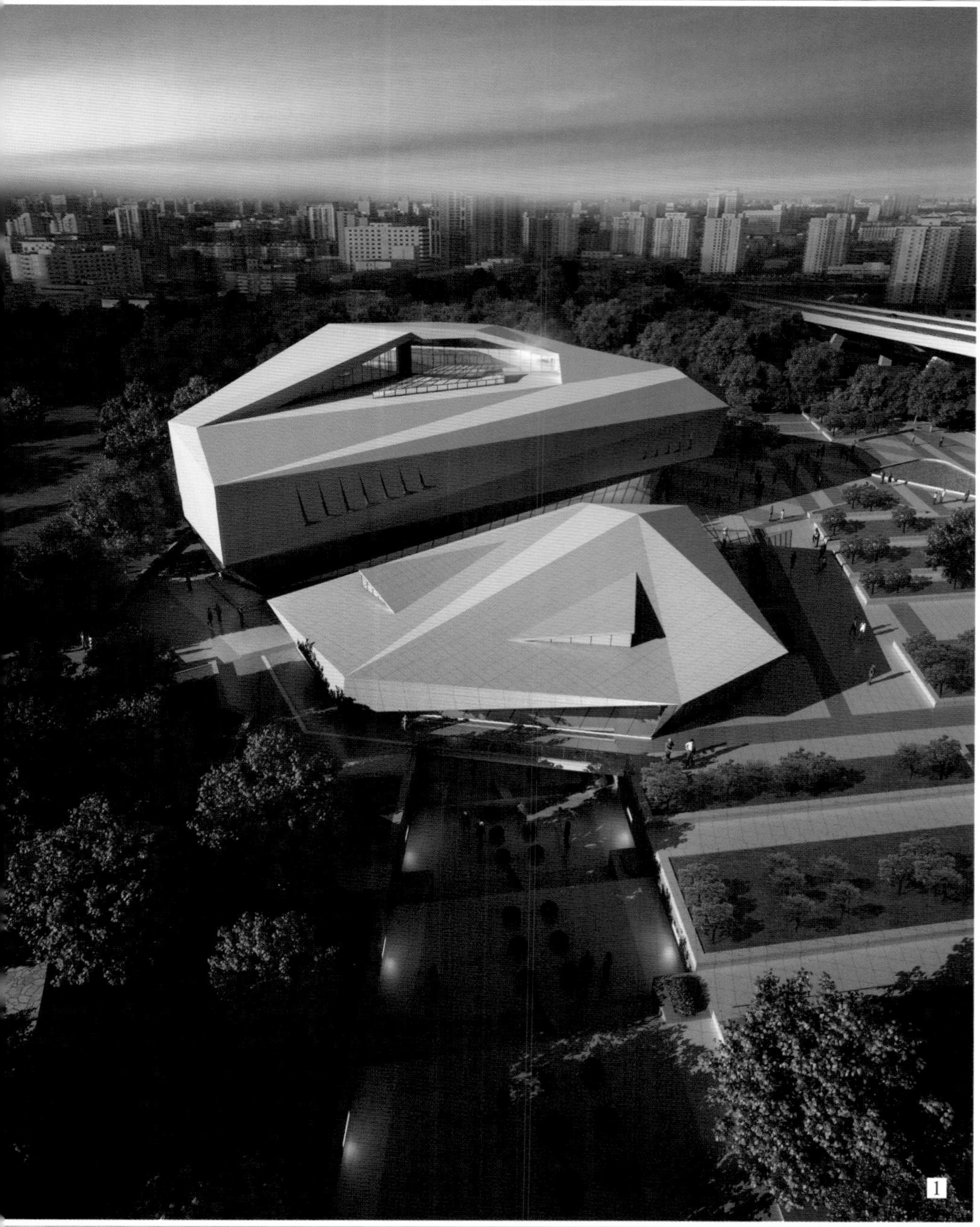

1

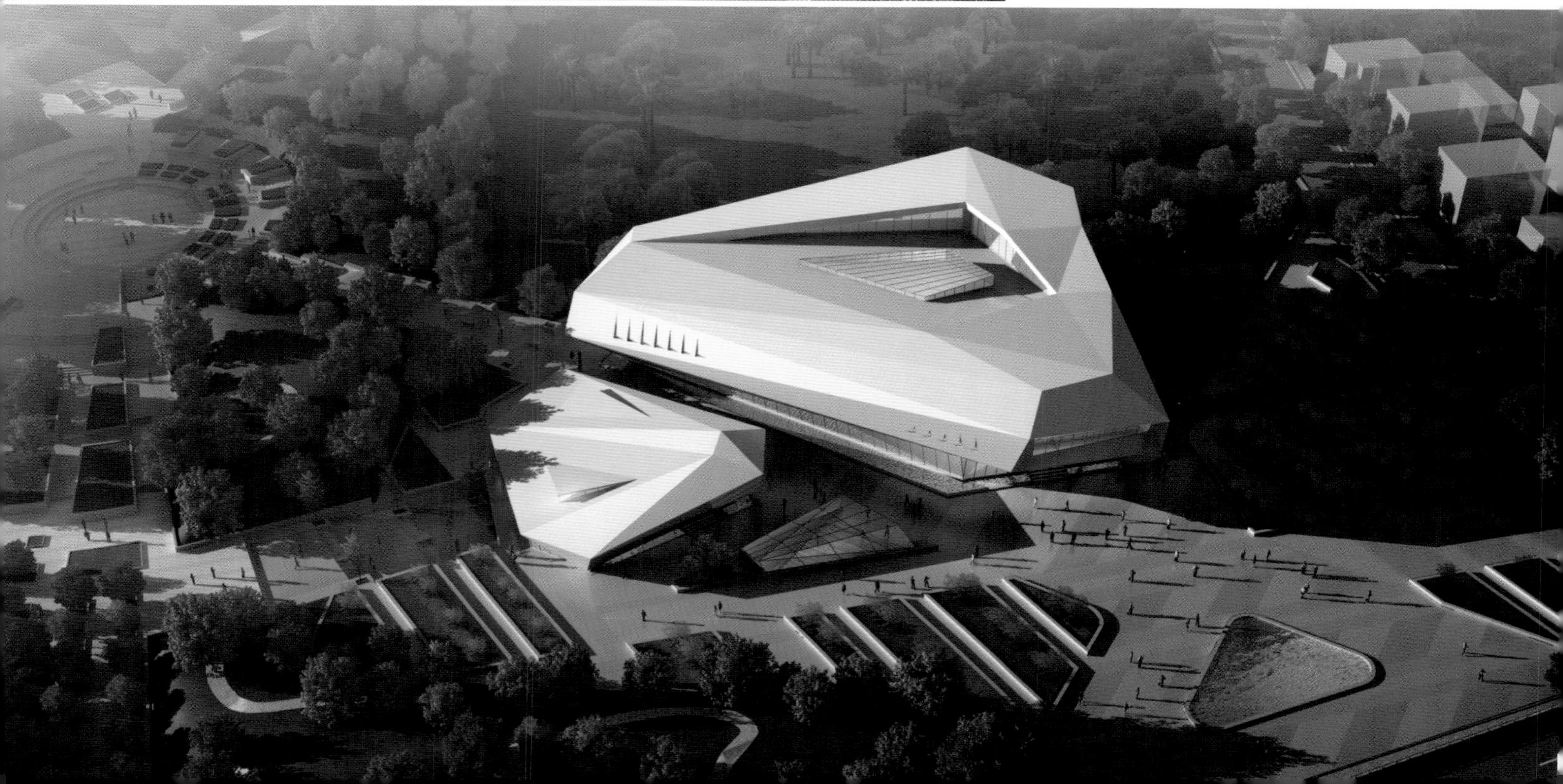

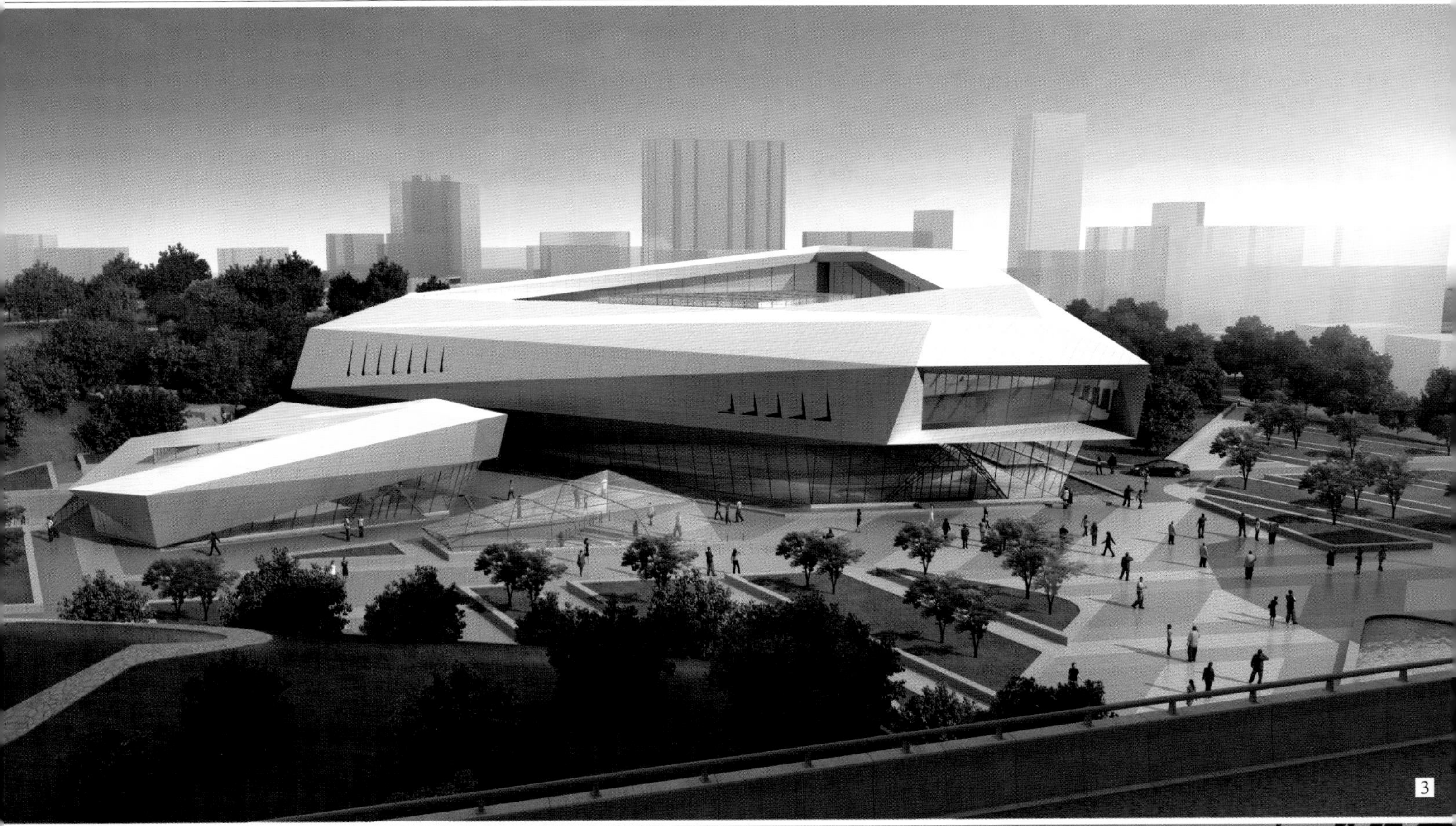

3

4

1 2 3 4 某美术馆

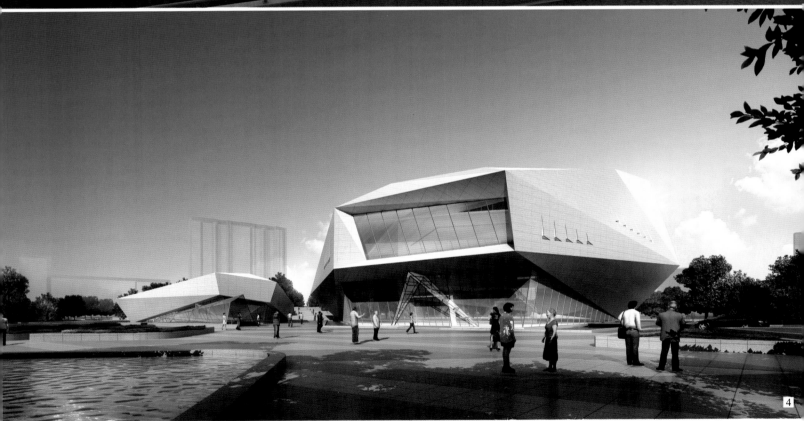

设计：上海建工设计研究院
绘制：上海域言建筑设计咨询有限公司

1 某会展中心

绘制：沈阳帧帝三维建筑艺术有限公司

2 北川艺术馆

绘制：上海今尚数码科技有限公司

1

3

4

3 4 某建筑比赛展览中心

设计：台湾某设计事务所
绘制：西安鼎凡数字科技有限公司

1

2

3

4

1 2 3 4 某建筑比赛展览中心

设计：台湾某设计事务所
绘制：西安鼎凡数字科技有限公司

1

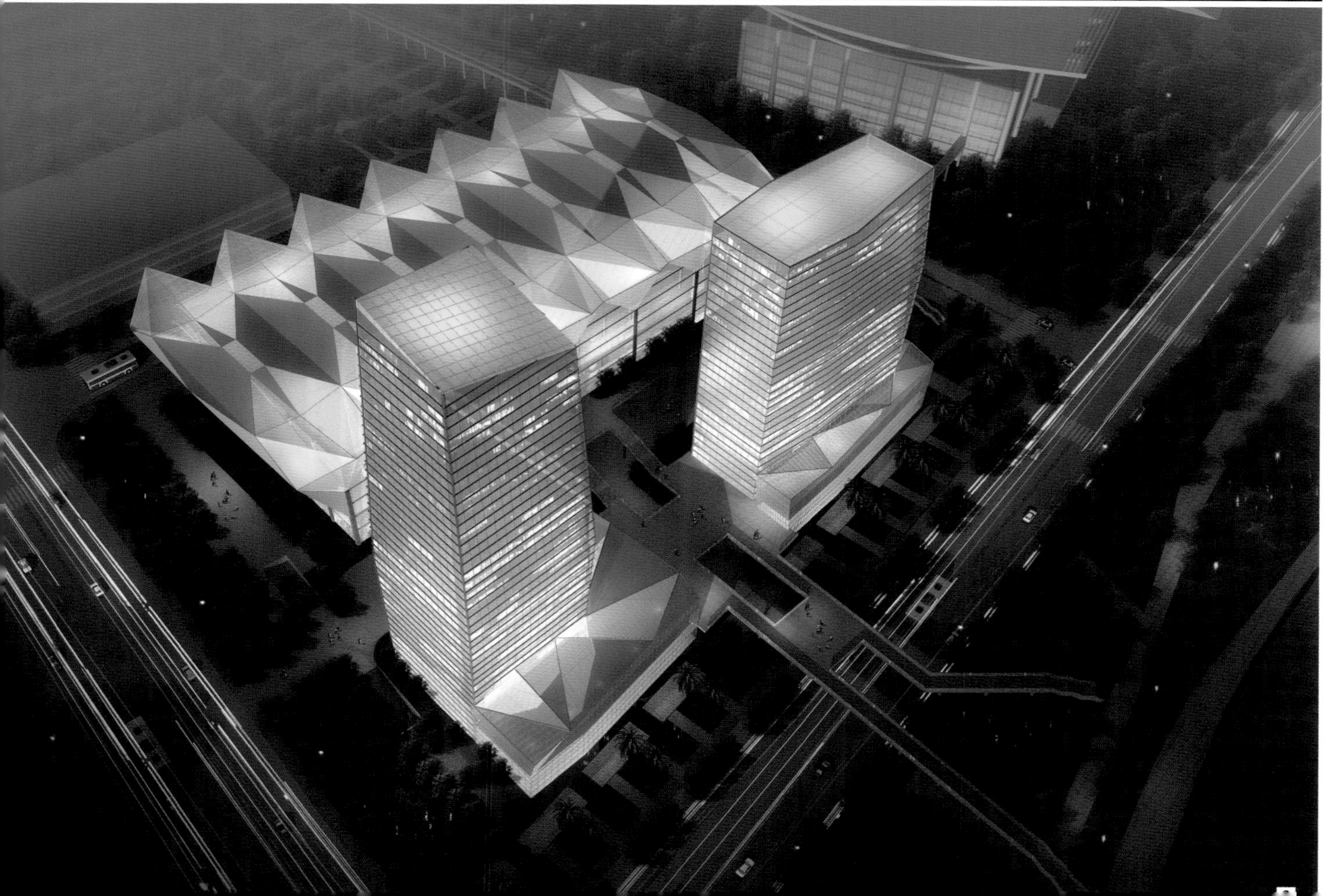

1 2 3 4 某会展中心

设计：温州市城市规划设计院锦凡工作室
绘制：温州焕彩传媒

3

4

1 2 深圳三馆一城

设计：深圳中建国际

绘制：丝路数码技术有限公司

1 2 3 新疆农业博览中心

设计：同济设计院
绘制：上海艺筑图文设计有限公司

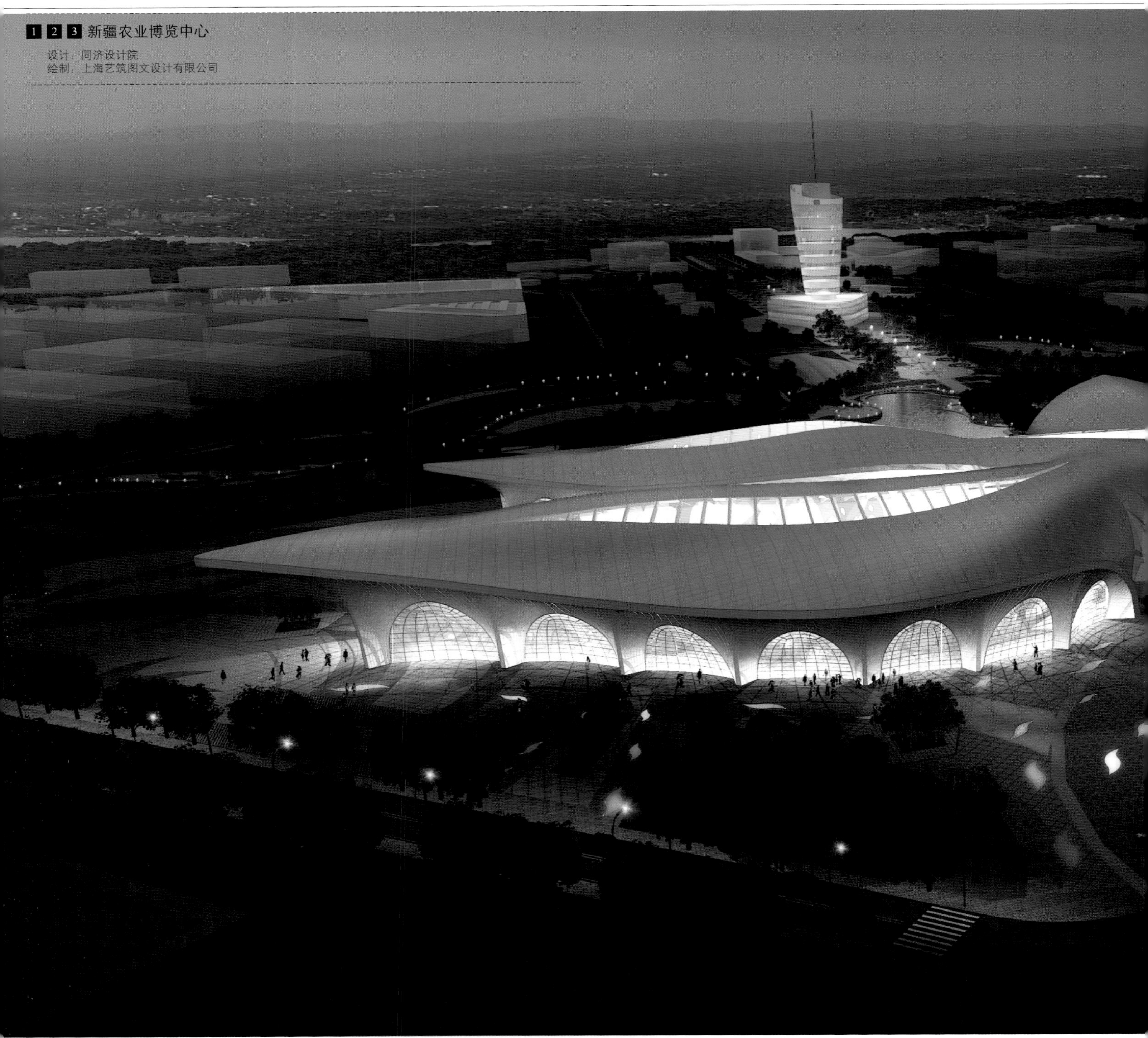

1

2

3

1

2

3

4

■1 某展览馆

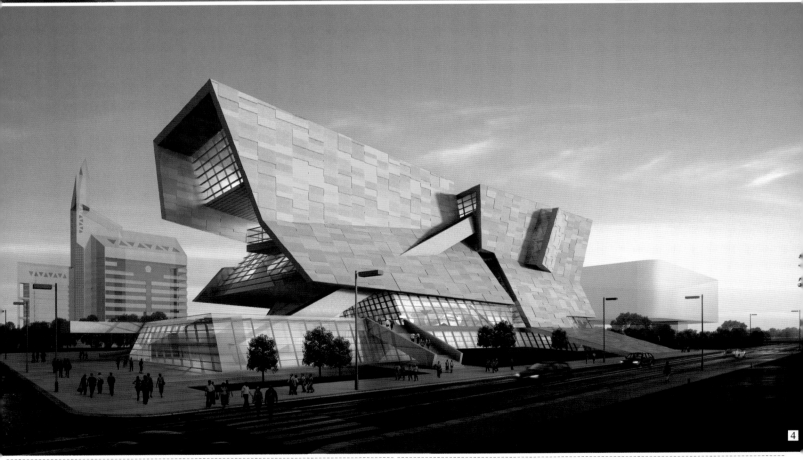

绘制：慧同（上海）视觉艺术设计有限公司

■2 ■3 ■4 大连城市规划馆

设计：Linsger Archite
绘制：成都市浩瀚图像设计有限公司

1

2

■ 新疆克州三馆

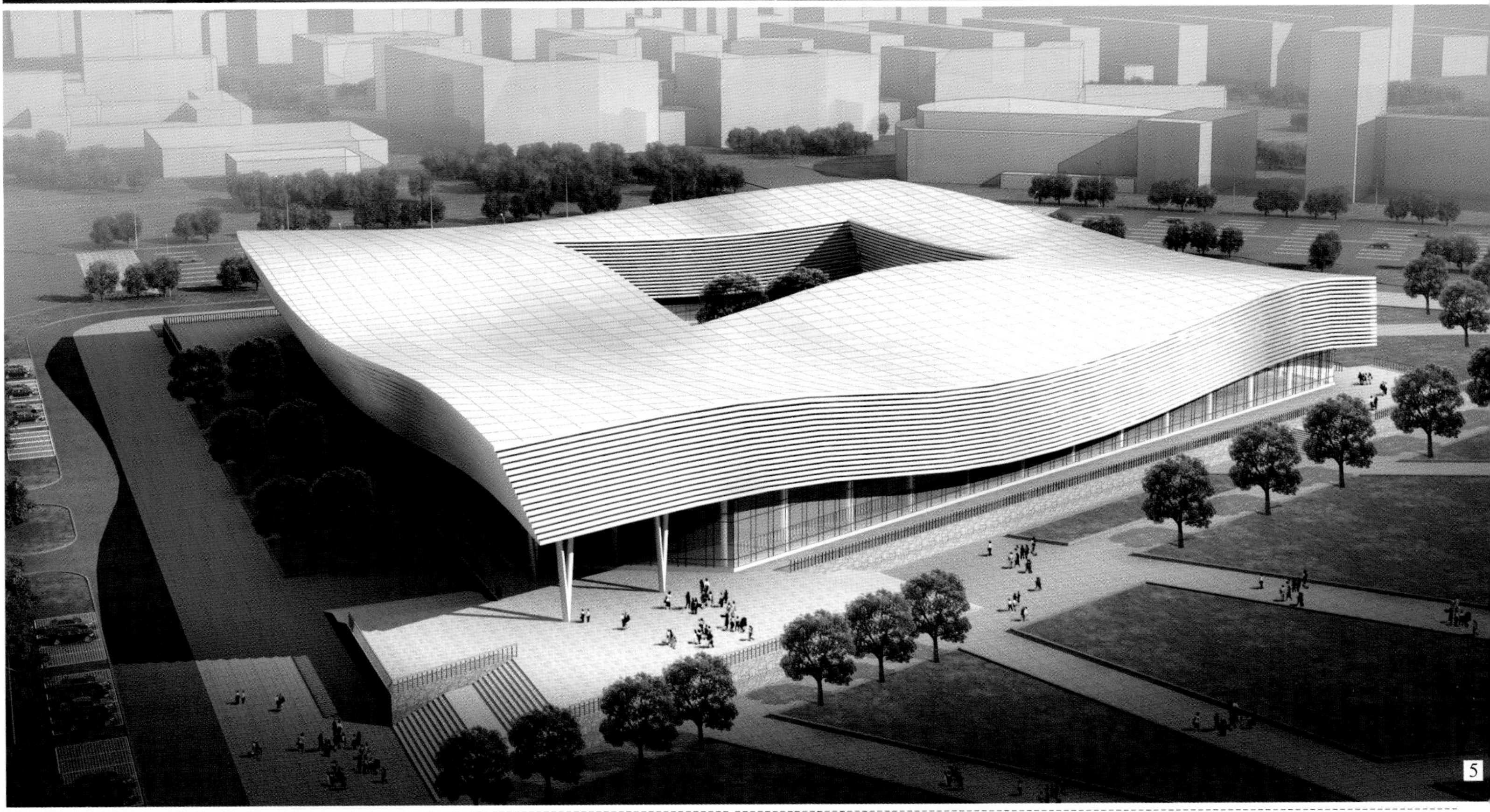

设计：南大设计院方案所
绘制：丝路数码技术有限公司

■■■■ 合肥规划展馆

设计：天津大学
绘制：天津天唐筑景建筑设计咨询有限公司

1 2 3 中东展览馆

绘制：深圳市深白数码影像设计有限公司

3

1

2

1 泰州四馆

绘制：江苏印象乾图数字科技有限公司

2 3 4 周口市规划展览馆

设计：朱伟
绘制：河南灵度建筑景观设计咨询有限公司

3

4

3

1 2 3 周口市规划展览馆

设计：朱伟
绘制：河南灵度建筑景观设计咨询有限公司

1 某展览馆

设计：大庆市开发区设计院
绘制：黑龙江省日盛设计有限公司

2 深大档案馆

设计：深圳市筑诚时代设计公司
绘制：深圳市深白数码影像设计有限公司

3 4 崇阳县档案馆

设计：武汉轻工建筑设计有限公司
绘制：武汉擎天建筑设计咨询有限公司

3

4

1 3 4 某展览馆

设计：西南建筑设计研究院四所
绘制：成都星图数码　陈禹

2 某展览馆

设计：西南建筑设计研究院四所
绘制：成都星图数码　陈禹　汪坤元

3

4

1 2 亳州城市规划展览馆

绘制：合肥三立效果图（森筑图文）

3 4 5 东湖海洋世界

设计：武汉七星设计工程有限责任公司
绘制：武汉擎天建筑设计咨询有限公司

3

4

5

1

2

3

潜江规划展示馆
QianJiang Planning Exhibition Hall
4

5

6

1 2 3 4 潜江城市规划展览馆

设计：中信建筑设计研究总院有限公司
绘制：武汉擎天建筑设计咨询有限公司

5 6 7 某会展中心

绘制：武汉擎天建筑设计咨询有限公司

1
2

4

5

1 2 3 某展览馆

设计：深圳市联盟建筑设计有限公司
绘制：深圳市深白数码影像设计有限公司

4 长白山规划馆

设计：上海都市院三所　底豪俊
绘制：上海谦和建筑设计有限公司

5 某规划展馆

设计：哈尔滨工业大学城市规划设计研究院
绘制：上海瑞丝数字科技有限公司

1 2 某会展中心二期

设计：上海阿克木建筑设计有限公司
绘制：温州焕彩传媒

3 草莓大会展览中心

设计：Dada
绘制：丝路数码技术有限公司

4 某会展中心

设计：上海某设计事务所
绘制：西安鼎凡数字科技有限公司

3

4

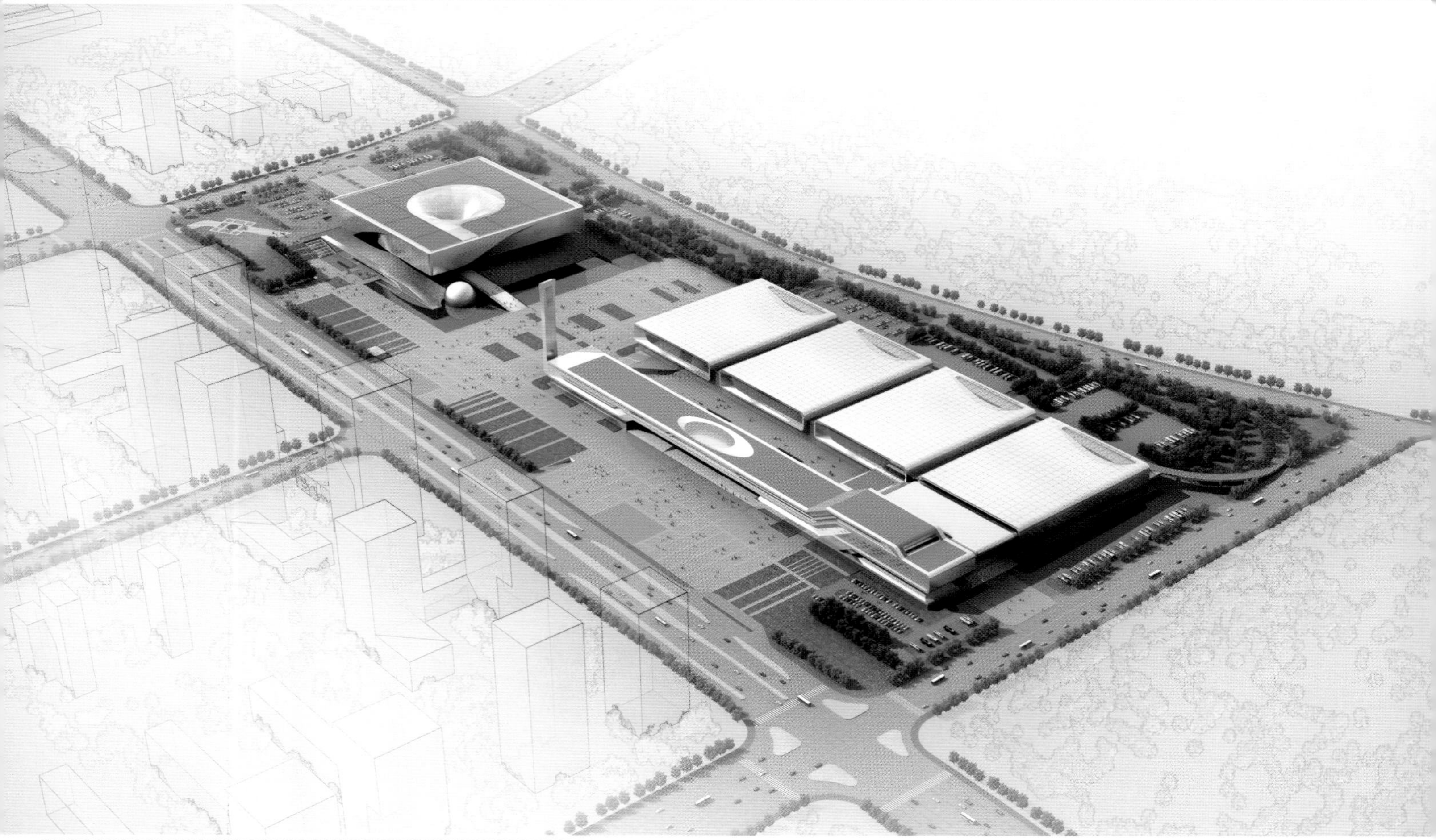

1 武清区文博馆

设计：华汇工程建筑设计
绘制：天津天砚建筑设计咨询有限公司

2 **3** 湖北省科技馆

绘制：武汉市自由数字科技有限公司

4 **5** 某展览馆

设计：深圳市联盟建筑设计有限公司
绘制：深圳市深白数码影像设计有限公司

3

4

5

1 2 3 4 5 某会展中心

设计：中南建筑设计院
绘制：宁波筑景

4

5

1 2 3 4 5 某会展中心

设计：中南建筑设计院
绘制：宁波筑景

4

5

1 宁波会展中心

设计：思邦建筑设计咨询（上海）有限公司

绘制：杭州博凡数码影像设计有限公司

2 某博览中心

绘制：武汉市自由数字科技有限公司

3 遂宁观音会展中心

绘制：上海今尚数码科技有限公司

4 承德展览馆

设计：清华大学建筑设计研究院一许懋彦工作室

绘制：北京回形针图像设计有限公司

2

3

4

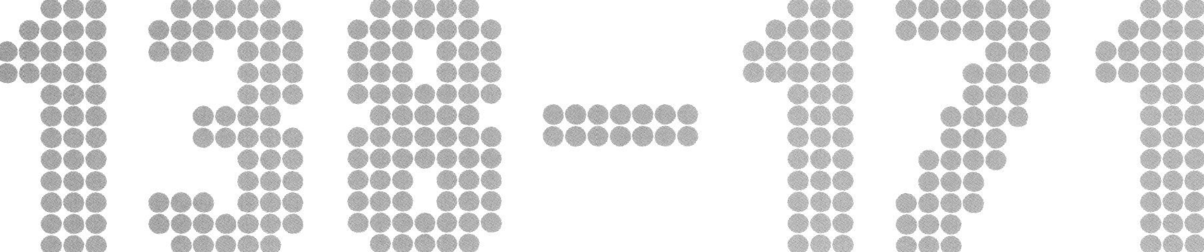

文化建筑

CULTURE BUILDING

2013 建筑＋表现

文化中心

CULTURE CENTER

1

2

3

1 2 韩国某音乐厅

设计：德包豪斯建筑规划设计（杭州）有限公司
绘制：杭州博凡数码影像设计有限公司

3 某文化建筑

绘制：上海今尚数码科技有限公司

1 2 金牛山文化中心

绘制：上海今尚数码科技有限公司

1 金牛山文化中心

绘制：上海今尚数码科技有限公司

2 阆中某演艺中心

绘制：成都亿点数码艺术设计有限公司

3 某文化中心

设计：黑龙江省日盛设计有限公司
绘制：黑龙江省日盛设计有限公司

4 重庆徒溪文化中心

设计：香港华艺建筑设计
绘制：深圳市水木数码影像科技有限公司

3

4

1
2

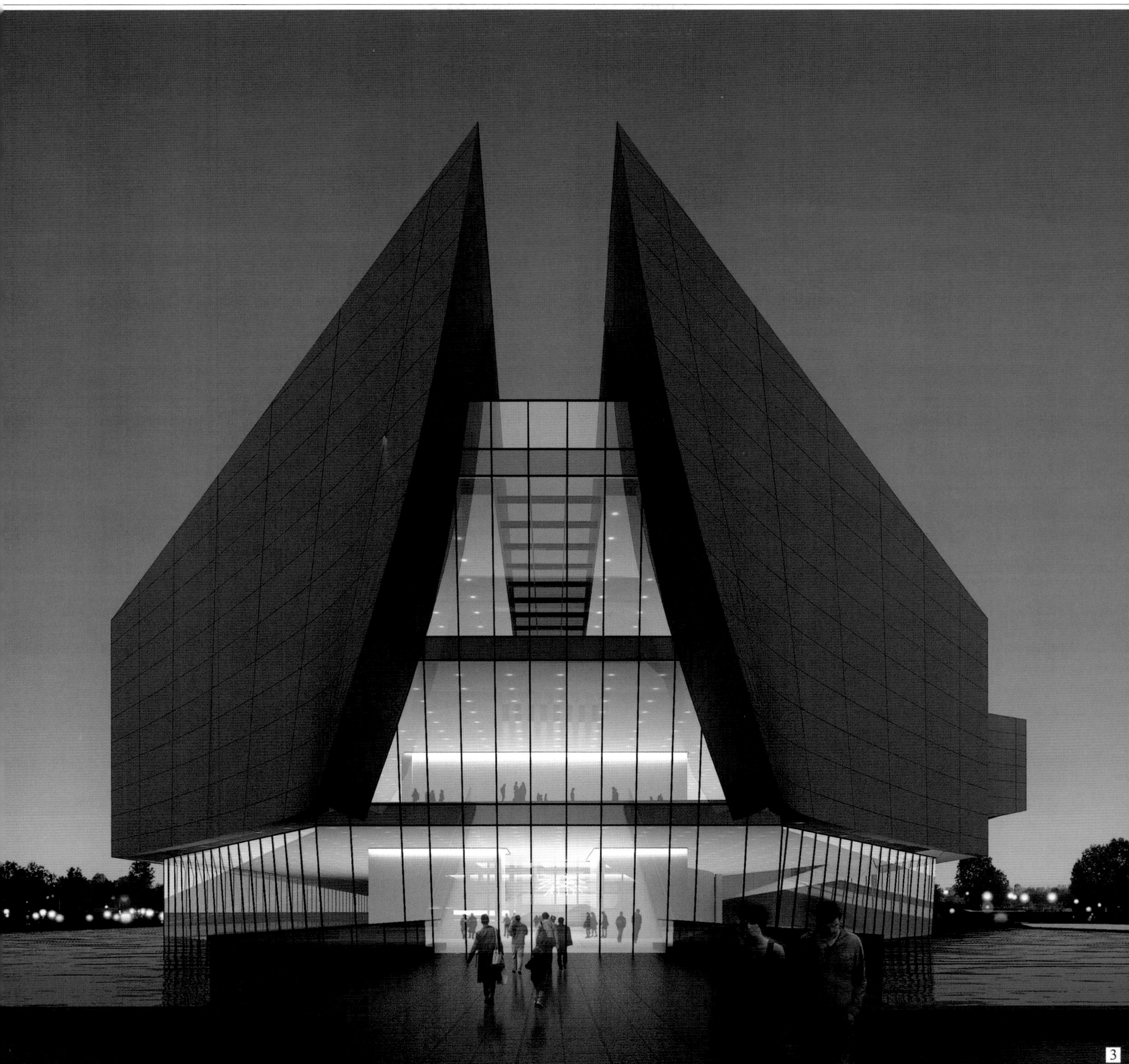

3

1 某文化中心

绘制：北京尚图数字科技有限公司

2 某文化中心

绘制：上海今尚数码科技有限公司

3 某市美术馆

设计：中建国际
绘制：丝路数码技术有限公司

4

5

1 4 某青少年宫

设计：上海现代都市院
绘制：上海瑞丝数字科技有限公司

2 3 5 某青少年宫

绘制：上海瑞丝数字科技有限公司

1

2

1 2 高桥文化中心

设计：浙江中和建筑设计院
绘制：杭州景尚科技有限公司

3 4 吴中文体中心

设计：合室
绘制：丝路数码技术有限公司

江西武宁某文化中心

设计：香港华艺建筑设计
绘制：深圳市水木数码影像科技有限公司

1 2 3 4 5 海盐县工人文化宫

设计：宏正建筑设计院
绘制：杭州景尚科技有限公司

4

5

1 **2** 乌兰木伦影院

设计：北京维拓时代建筑设计有限公司
绘制：北京力天华盛建筑设计咨询有限责任公司

3 东台广电文化中心

设计：浙江大学建筑设计研究院
绘制：杭州博凡数码影像设计有限公司

4 北仑文化中心

绘制：上海今尚数码科技有限公司

3

4

1

2

3

4

5

1 2 3 某工艺美术大楼

设计：温州城市规划设计院锦凡工作室
绘制：温州焕彩传媒

4 5 凤凰文化广场

设计：上海联创建筑设计南京分公司
绘制：南京土筑人艺术设计有限公司

1

2

1 南浔青少年宫

设计：上海现代都市院
绘制：上海瑞丝数字科技有限公司

2 东亿传媒

设计：博地澜屋
绘制：北京尚图数字科技有限公司

3 **4** 龙湾区永中文化中心

设计：温州城市规划设计院锦凡工作室
绘制：温州焕彩传媒

3

4

1

2

1 2 3 4 某文化中心

设计：山东同圆设计集团有限公司
绘制：济南雅色机构

5 洛阳市伊川艺术中心

设计：河南智博建筑设计有限公司
绘制：洛阳张涵数码影像技术开发有限公司

文化馆

3

4

5

1 某演艺中心
设计：苏州市规划院
绘制：苏州蓝色河畔建筑表现设计有限公司

2 新华图书大楼
设计：上海第九设计研究院　樊叶波
绘制：上海谦和建筑设计有限公司

3 4 5 宣城棋院
设计：安徽省城乡规划院
绘制：合肥三立效果图（森筑图文）

3

4

5

1 2 3 震泽文化广场

设计：柯兰设计
绘制：上海日盛 & 南宁日易盛设计有限公司

4 迪斯尼会议中心

设计：上海 PRC 建筑咨询有限公司
绘制：上海瑞丝数字科技有限公司

3

4

1

2

1 2 九江文博园

设计：南京景和园林设计有限公司
绘制：南京土筑人艺术设计有限公司

3 4 5 武夷文化园

设计：陕西规划院厦门分院设计师　宋煜
绘制：厦门众汇 ONE 数字科技有限公司

3

4

5

1 杭州传媒中心

设计：大地建筑事务所（国际）杭州分公司
绘制：杭州潘多拉数字科技有限公司

2 某书城

绘制：武汉市自由数字科技有限公司

3 4 禹城电影院

绘制：济南雅色机构

3

4

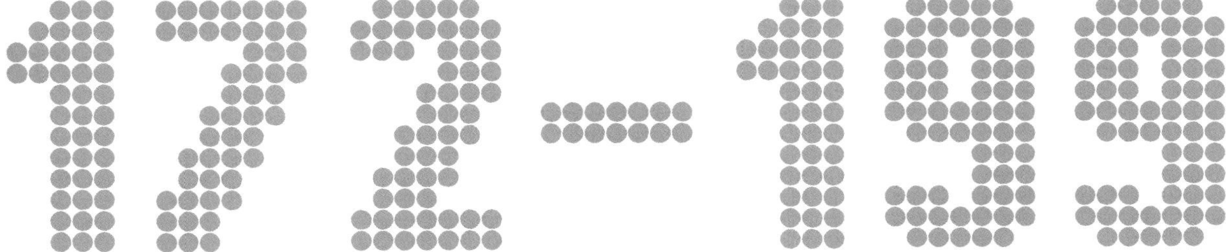

博物馆
MUSEUM

1

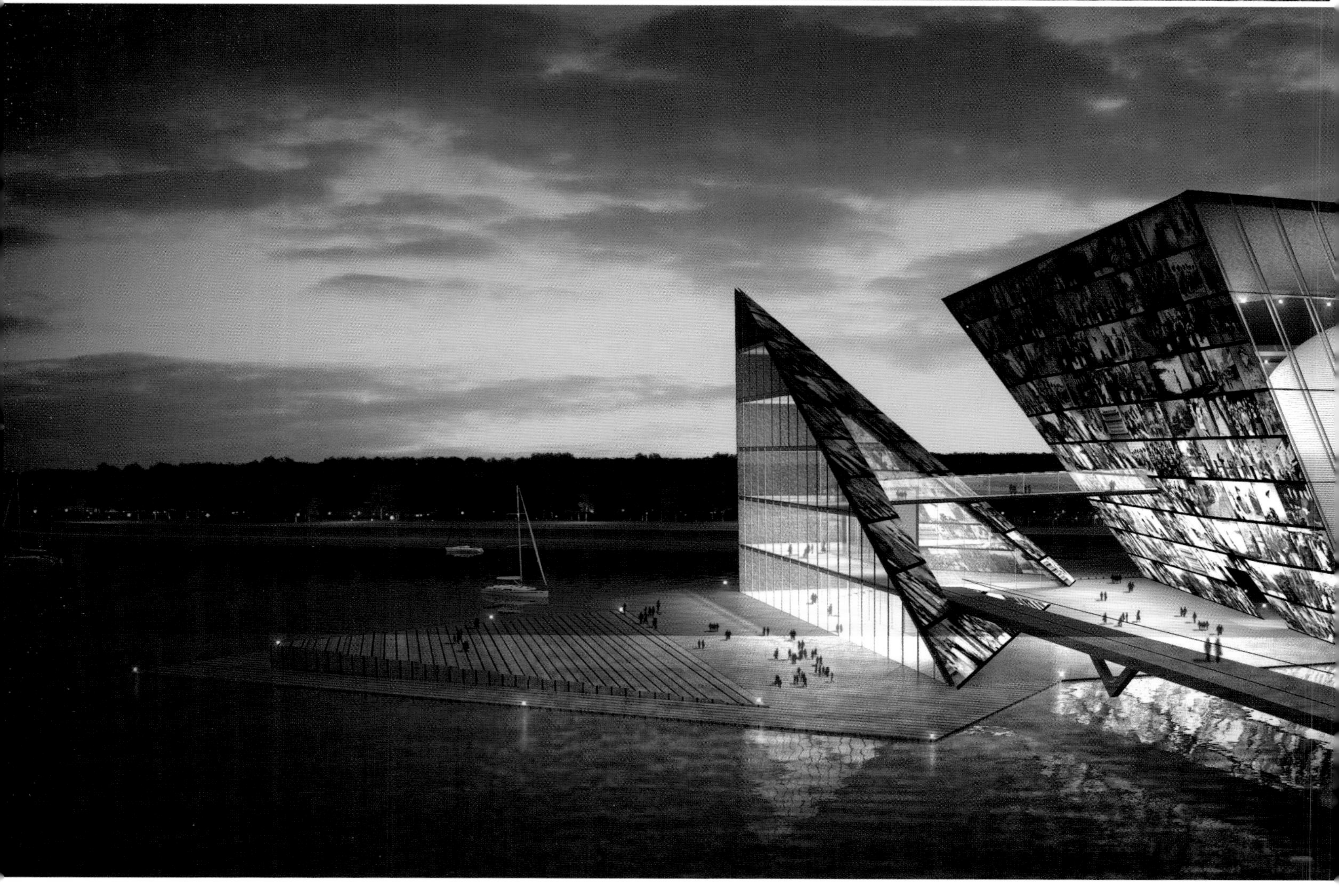

1 2 3 某博物馆

设计：西南设计院四所

绘制：成都蓝宇图像

■■ 某博物馆

设计：西南设计院四所
绘制：成都蓝宇图像

2

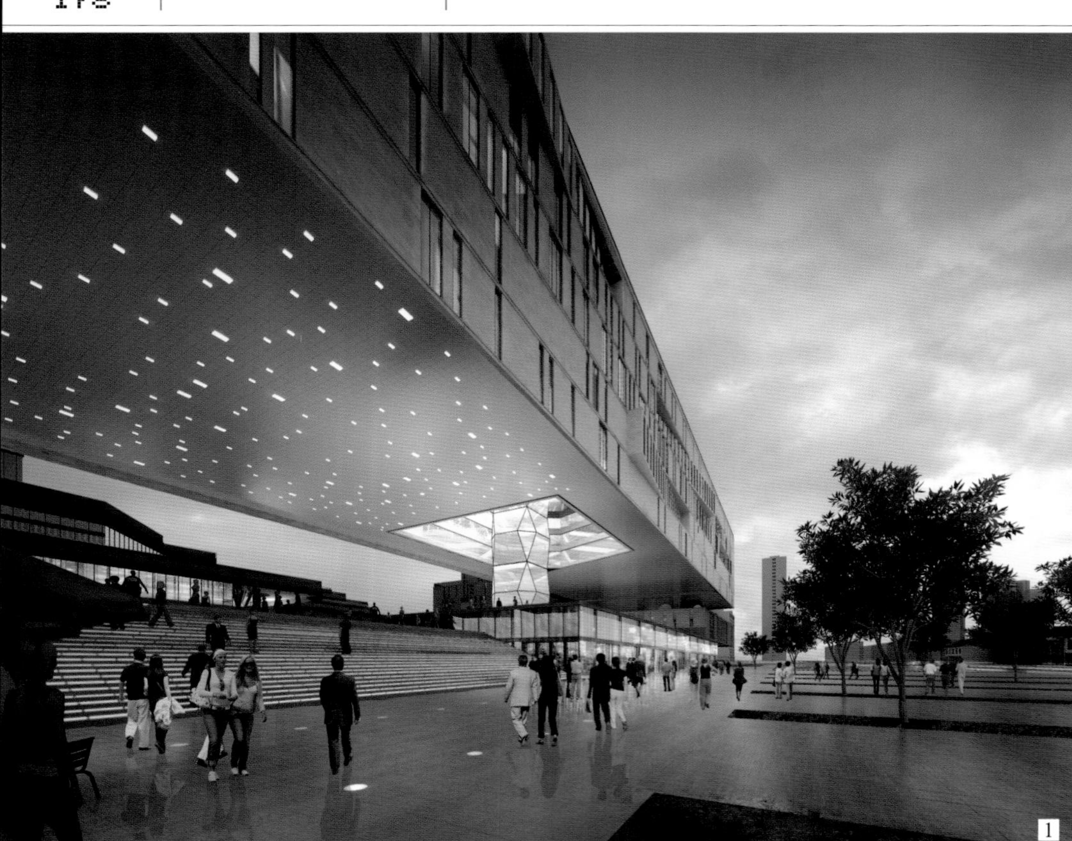

1

1 2 世博博物馆

设计：华都建筑规划设计有限公司
绘制：丝路数码技术有限公司

3 武汉博物馆

设计：惟邦环球
绘制：丝路数码技术有限公司

3

2

1 江津博物馆

设计：西南设计院一所
绘制：成都蓝宇图像

2 3 4 5 华盛顿广场博物馆

设计：美国 BurtHill
绘制：成都市浩瀚图像设计有限公司

3

4

1 Anren museum

设计：SERIE
绘制：丝路数码技术有限公司

2 植博馆

设计：北京建筑设计院
绘制：丝路数码技术有限公司

1

2

1 安仁博物馆

绘制：上海今尚数码科技有限公司

2 某博物馆

设计：上海华都建筑规划设计有限公司

绘制：丝路数码技术有限公司

3 某博物馆

绘制：武汉市自由数字科技有限公司

1

3

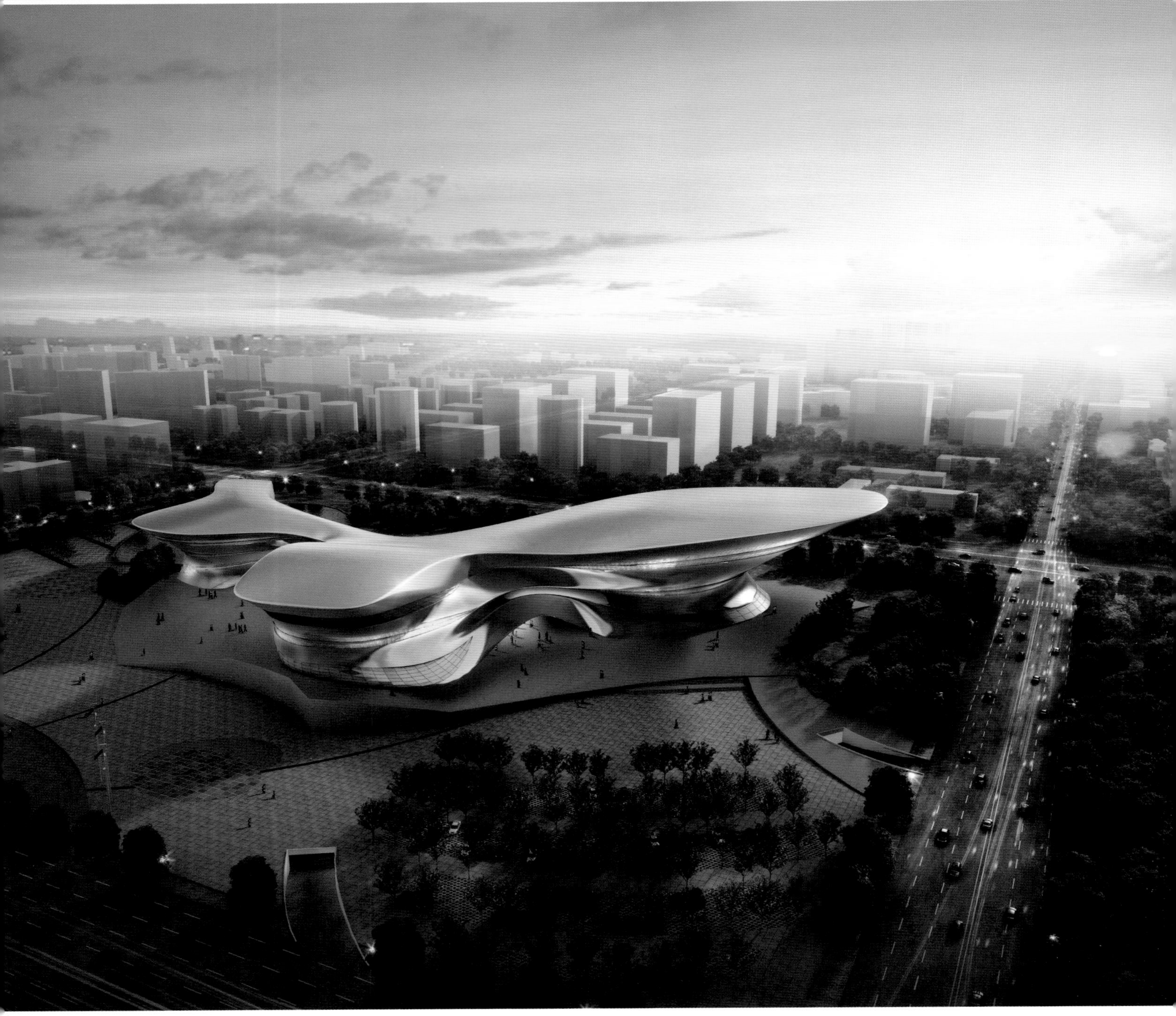

3

1 2 武汉某博物馆

设计：中建国际设计（武汉分公司）
绘制：深圳市深白数码影像设计有限公司

3 4 5 某博物馆

设计：天宸设计
绘制：黑龙江省日盛设计有限公司

4

5

1
2
3

4

南充市博物館

5

1 2 3 4 5 南充博物馆

设计：西南设计院四所
绘制：成都蓝宇图像

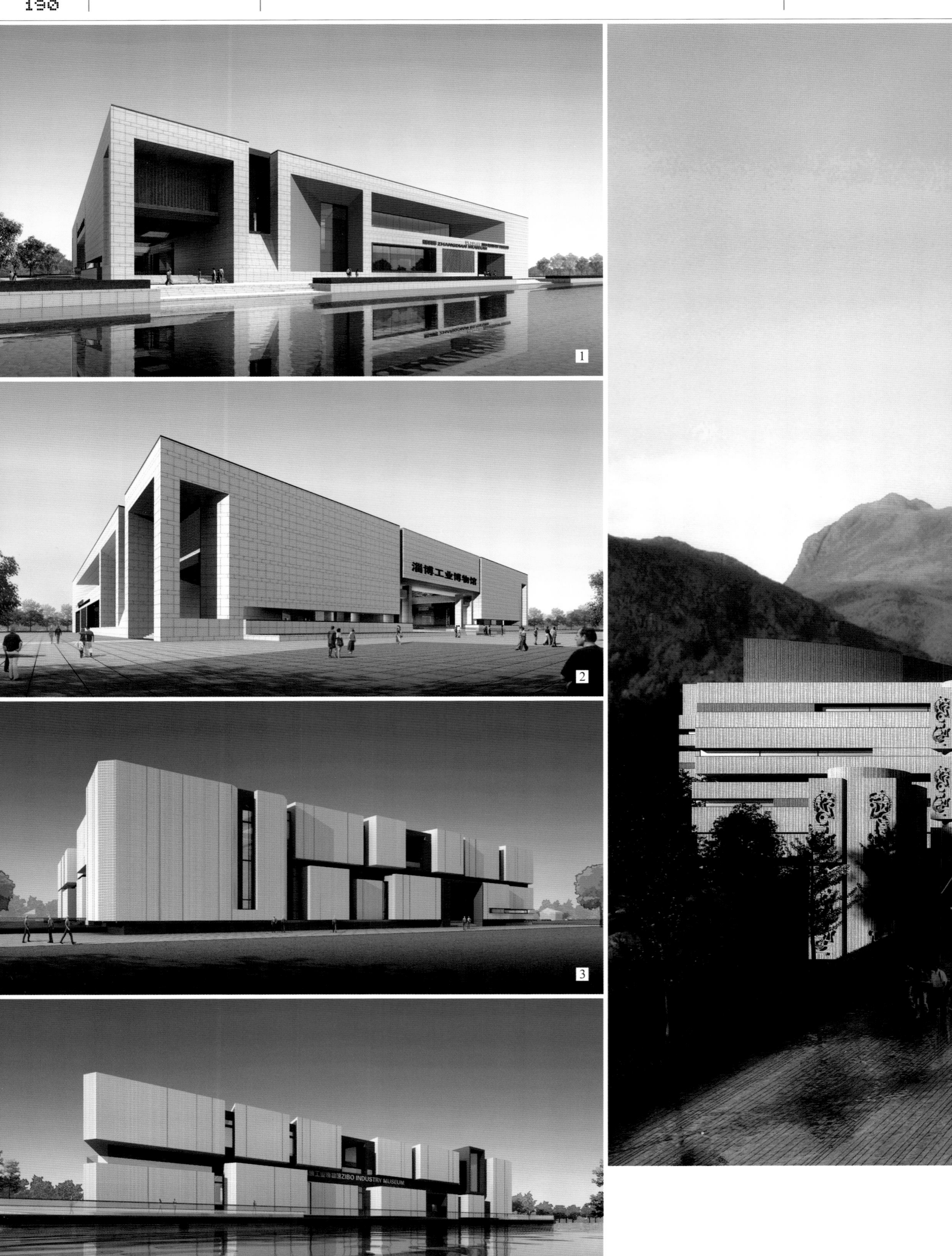
1
淄博工业博物馆
2
3
ZIBO INDUSTRY MUSEUM
4

5

1 2 3 4 某工业博物馆

设计：谭东
绘制：上海右键巢起建筑表现

5 滦平山戎博物馆

设计：藤设计　朱晨　李昂
绘制：北京回形针图像设计有限公司

3

4

1 2 某博物馆

设计：上海瑞丝数字科技有限公司
绘制：上海瑞丝数字科技有限公司

3 4 某博物馆

绘制：武汉市自由数字科技有限公司

1

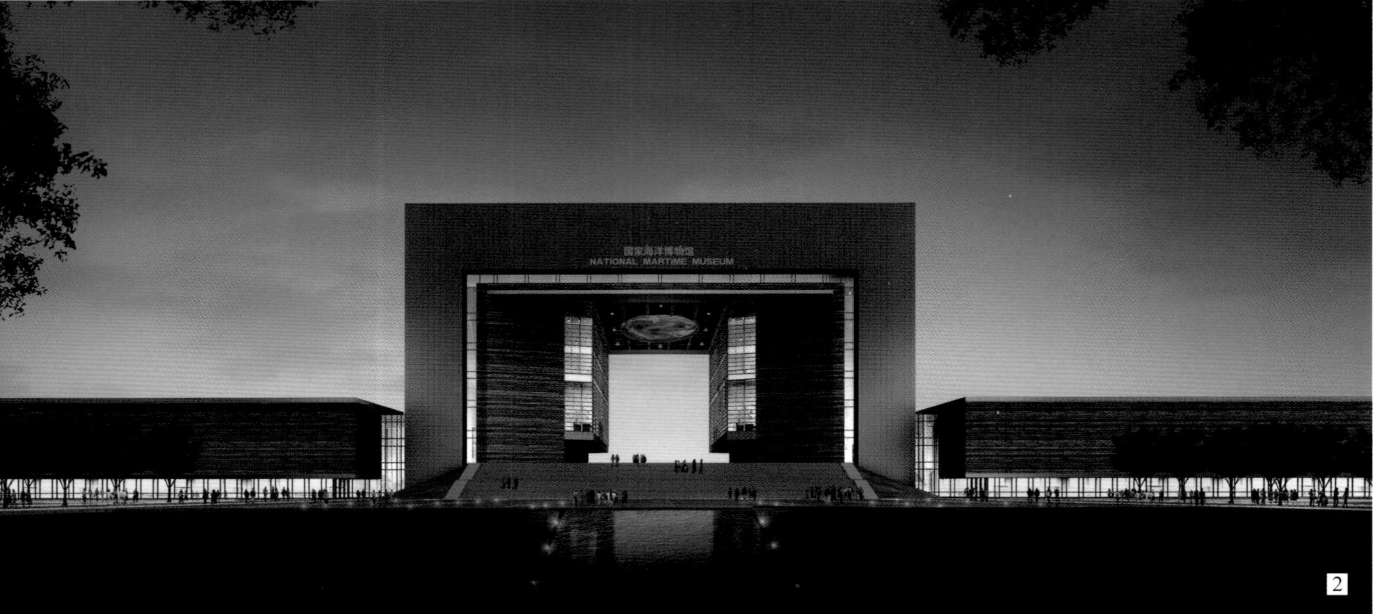

2

3

1 2 某海洋博物馆

设计：天津市建筑设计院

绘制：天津天唐筑景建筑设计咨询有限公司

3 日上集团文化博物馆

设计：SYN 建设设计事务所

绘制：北京映像社稷数字科技

4 5 某博物馆

设计：安徽省建筑设计研究院

绘制：合肥丁平方建筑表现

4

5

1

2

■1 绵阳市博物馆

设计：西南设计院四所
绘制：成都蓝宇图像

■2 某博物馆

设计：谭东
绘制：上海右键巢起建筑表现

■3 ■4 ■5 葡萄牙某博物馆

设计：Linsger Archite
绘制：成都市浩瀚图像设计有限公司

3

4

5

1

2

1 京商博物馆

设计：SYN 建设设计事务所
绘制：北京映像社稷数字科技

2 某博物馆

设计：西安建筑科技大学
绘制：西安创景建筑景观设计有限公司

3 4 大兴安岭博物馆

设计：天宸设计
绘制：黑龙江省日盛设计有限公司

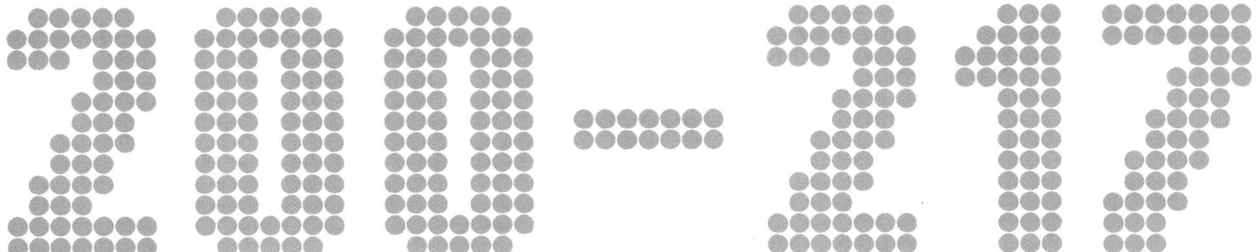

剧院
THEATER

1

2

1 2 3 某剧院

设计：现代建筑设计院　胡世勇
绘制：上海赫智建筑设计有限公司

3

1

3

4

1 2 某剧院

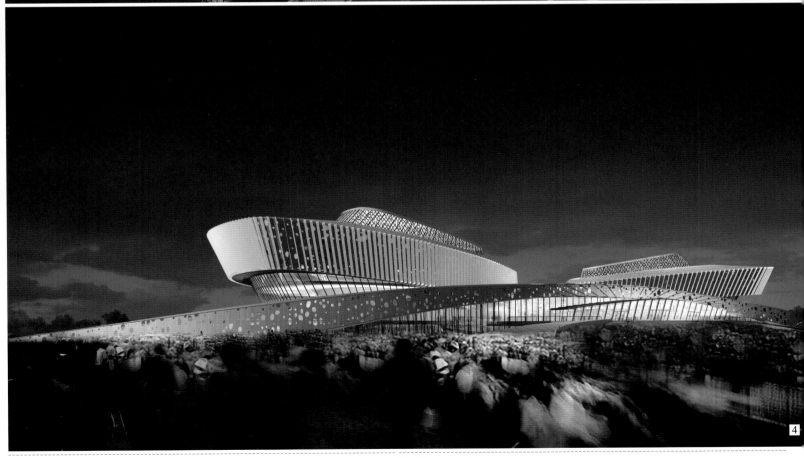

设计：现代建筑设计院　胡世勇
绘制：上海赫智建筑设计有限公司

3 4 遵义大剧院

绘制：上海今尚数码科技有限公司

1 衢州大剧院

设计：杭州市华清建筑工程设计有限公司
绘制：杭州潘多拉数字科技有限公司

2 3 衢州大剧院

设计：杭州中联筑境建筑设计有限公司
绘制：杭州潘多拉数字科技有限公司

2

1

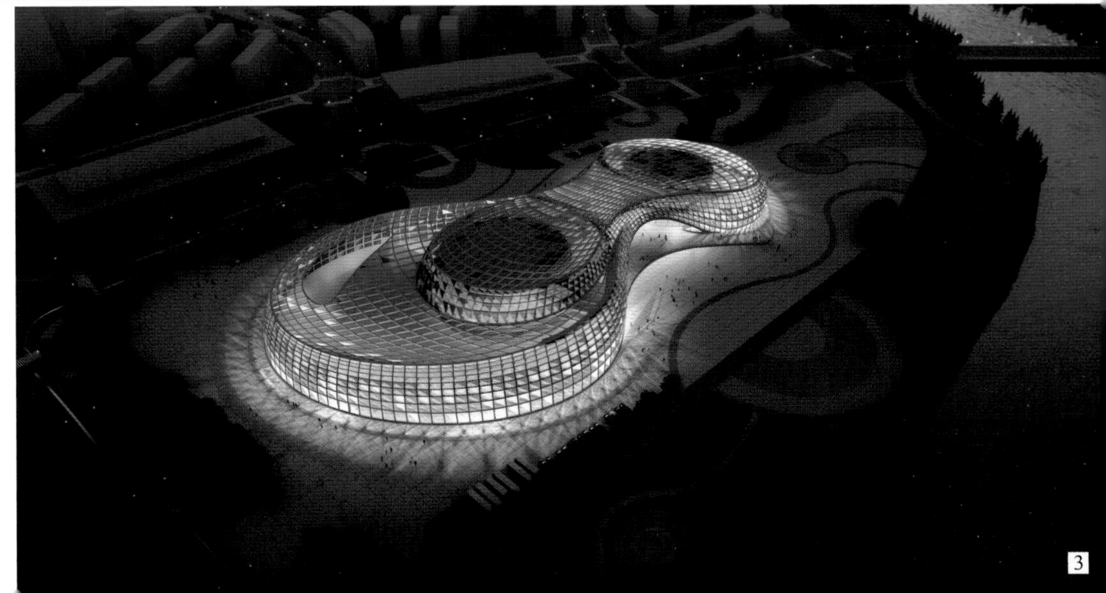

3

1
2
3
4

1 2 3 4 衢州大剧院

设计：杭州中联筑境建筑设计有限公司
绘制：杭州潘多拉数字科技有限公司

5 6 某大剧院

绘制：上海今尚数码科技有限公司

6

1

2

1 2 3 4 山西晋城大剧院

绘制：上海携客数字科技有限公司

1

2

■■■■ 桂林大剧院

绘制：上海今尚数码科技有限公司

3

4

1

2

3

4

5

6

1 2 3 4 5 6 DC 大剧院

绘制：上海今尚数码科技有限公司

1 2 3 釜山大剧院

绘制：上海今尚数码科技有限公司

4 5 6 某剧院

设计：宁波市城建设计研究院
绘制：宁波筑景

1

2

3

4

5

6

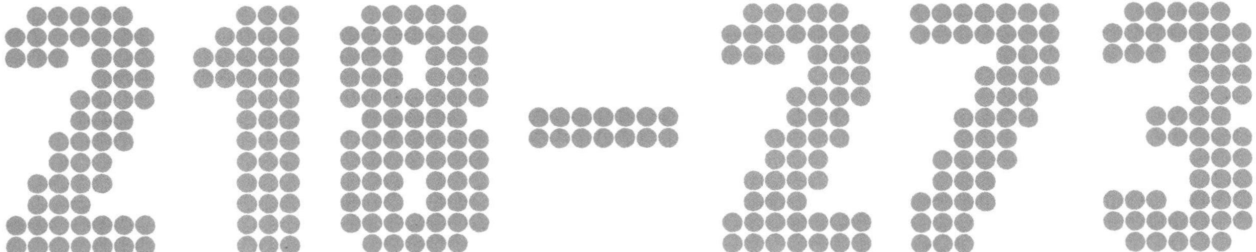

教育建筑

EDUCATIONAL BUILDING

2013 建筑＋表现

2

1 北京电影学院新校区

绘制：上海携客数字科技有限公司

2 3 城庄学校

绘制：上海今尚数码科技有限公司

3

LIBRARY
LIBRARY

3

1 韶关技工学校活动中心

绘制：丝路数码技术有限公司

2 建材学院

设计：北方建筑设计院
绘制：丝路数码技术有限公司

3 天大新校区

设计：华汇工程建筑设计
绘制：天津天砚建筑设计咨询有限公司

1

2

1 2 3 德阳特校

设计：西南设计院四所
绘制：成都蓝宇图像

3

1

2

3

1 2 3 九江职业学院

设计：深圳建筑研究总院
绘制：深圳市水木数码影像科技有限公司

4 5 6 大连职业学院

绘制：天津天砚建筑设计咨询有限公司

4

5

6

1 2 3 4 国际海运职业技术学校

设计：舟山规划建筑设计研究院

绘制：杭州骏翔广告有限公司

1

2

3

4

1

2

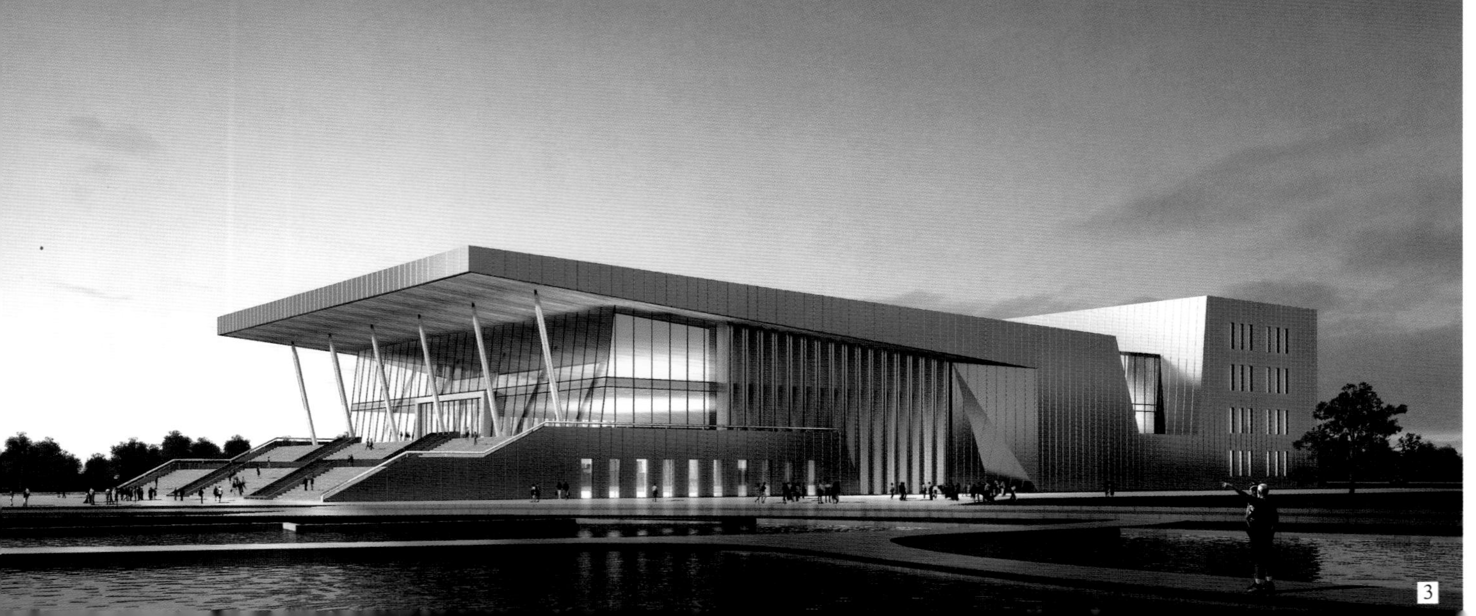
3

4

1 2 3 4 5 阜阳技师学院

设计：同济设计院
绘制：上海艺筑图文设计有限公司

5

1 2 某小学

绘制：北京未来空间建筑设计咨询有限公司

3 4 5 6 7 四川文理学院

绘制：成都亿点数码艺术设计有限公司

5

6

7

1

2

1 2 大庆职业学院

设计：大庆市油田院
绘制：黑龙江省日盛设计有限公司

3 4 合肥行政学院

设计：安徽省建筑设计研究院
绘制：合肥T平方建筑表现

1

2

3

5

6

1 2 3 4 5 6 丽水庆元二中

设计：浙江城市空间建筑规划设计院
绘制：杭州骏翔广告有限公司

2

3

1 2 3 4 5 6 某学校

设计：季兴飞
绘制：上海赫智建筑设计有限公司

4

5

6

1

1 2 3 鄞州中学

设计：上海米川建筑设计事务所
绘制：上海瑞丝数字科技有限公司

4 复旦大学

设计：EMBT
绘制：上海瑞丝数字科技有限公司

5 刚果金科技大学

设计：亿凯迪科技
绘制：慧同（上海）视觉艺术设计有限公司

6 杭州丁桥五常中学

设计：杭州新中环建筑设计有限公司
绘制：杭州拓景数字科技有限公司

3

4

5

6

■ 2 无锡某学校

设计：中联程泰宁建筑设计研究院
绘制：上海艺筑图文设计有限公司

无锡市古运河实验学校

1

2

3 大庆市 23 中
设计：哈尔滨工业大学建筑设计研究院
绘制：黑龙江省日盛设计有限公司

4 洛阳伊滨区白塔小学
设计：机械工业第四设计研究院
绘制：洛阳张涵数码影像技术开发有限公司

5 湖南双峰学校
绘制：上海携客数字科技有限公司

1 无锡旺庄中学

绘制：上海携客数字科技有限公司

2 温岭市大溪镇潘郎小学

设计：维克兰顿
绘制：深圳市方圆筑影数字科技有限公司

3 **4** **5** 某职业中学

设计：谭东
绘制：上海右键巢起建筑表现

3

4

5

1

2

■1 蜀山中学

设计：北京通程泛华合肥分院
绘制：合肥唐人建筑设计有限公司

■2 某学校

设计：宁波市建筑设计研究院
绘制：宁波筑景

■3 ■4 ■5 ■6 柳州师范

设计：深圳市宝安建筑设计院
绘制：深圳市原创力数码影像设计有限公司

3

4

5

6

1

2

3

4

5

1 2 3 深圳职工教育学院

设计：深圳市同济人建筑设计有限公司
绘制：深圳市原创力数码影像设计有限公司

4 聊城足球学校

绘制：济南雅色机构

5 某学院

设计：江西省建筑设计研究院
绘制：南昌浩瀚数字科技有限公司

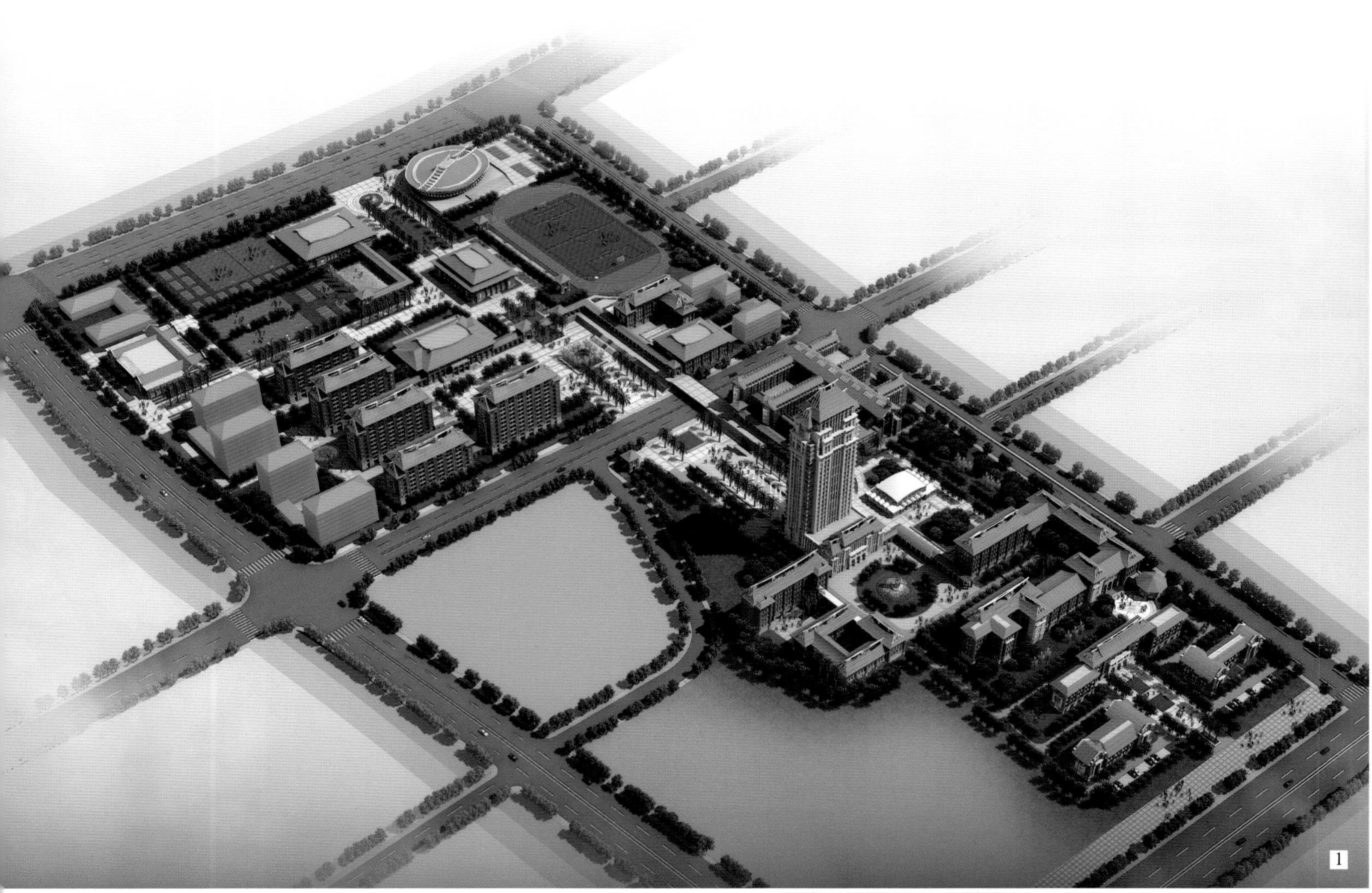

1 2 3 4 5 6 7 8 9 厦门集美轻工业学校

设计：厦门合道工程设计集团　张正　任继远
绘制：厦门众汇 ONE 数字科技有限公司

4

5

6

7

8

9

1 某学校

设计：宁波市建筑设计研究院
绘制：宁波筑景

2 某学校

绘制：宁波筑景

3 4 5 6 深圳第九高级中学

设计：深圳市宝安建筑设计院
绘制：深圳市原创力数码影像设计有限公司

4

5

1

4

1 武义小学

绘制：杭州弧引数字科技有限公司

2 神木学校

设计：中国美术学院风景建筑设计研究院
绘制：杭州博凡数码影像设计有限公司

3 东莞市黄江中学

设计：东莞市维美建筑设计有限公司
绘制：东莞市天海图文设计

4 中国科技大学

设计：安徽省设计建筑研究院
绘制：合肥T平方建筑表现

5 6 7 某县中学

设计：中旭建筑设计有限责任公司
绘制：北京华洋逸光建筑设计咨询顾问有限公司

5

6

7

1 2 嘉鱼庵幼儿园

设计：武汉轻工建筑设计有限公司
绘制：武汉擎天建筑设计咨询有限公司

嘉鱼示范幼儿园
jia yu shi fan you er yuan

1

2

3 南京市某幼儿园

设计：南京市建筑设计研究院
绘制：西安鼎凡数字科技有限公司

4 某幼儿园

设计：舟山规划建筑设计研究院
绘制：杭州骏翔广告有限公司

3

4

1 2 某幼儿园

设计：南巽设计院
绘制：合肥唐人建筑设计有限公司

3 郑州英才院幼儿园

设计：深圳市博万建筑设计事务所
绘制：深圳市千尺数字图像设计有限公司

4 某机关幼儿园

设计：上海现代建筑环境设计院
绘制：上海域言建筑设计咨询有限公司

3

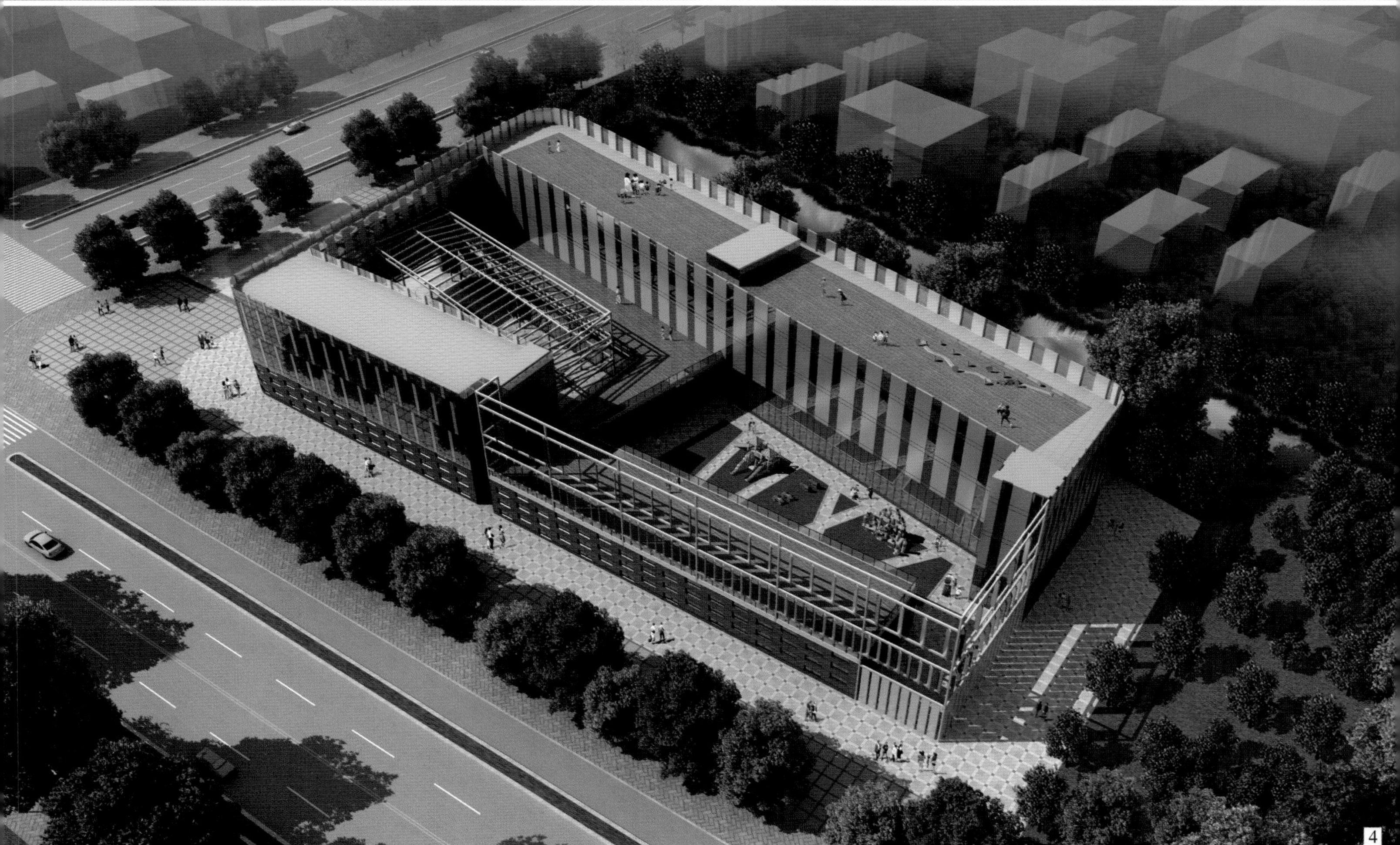

4

1 2 3 4 5 蜀安驾校

设计：曹波工作室　黎工
绘制：成都亿点数码艺术设计有限公司

3

4

6

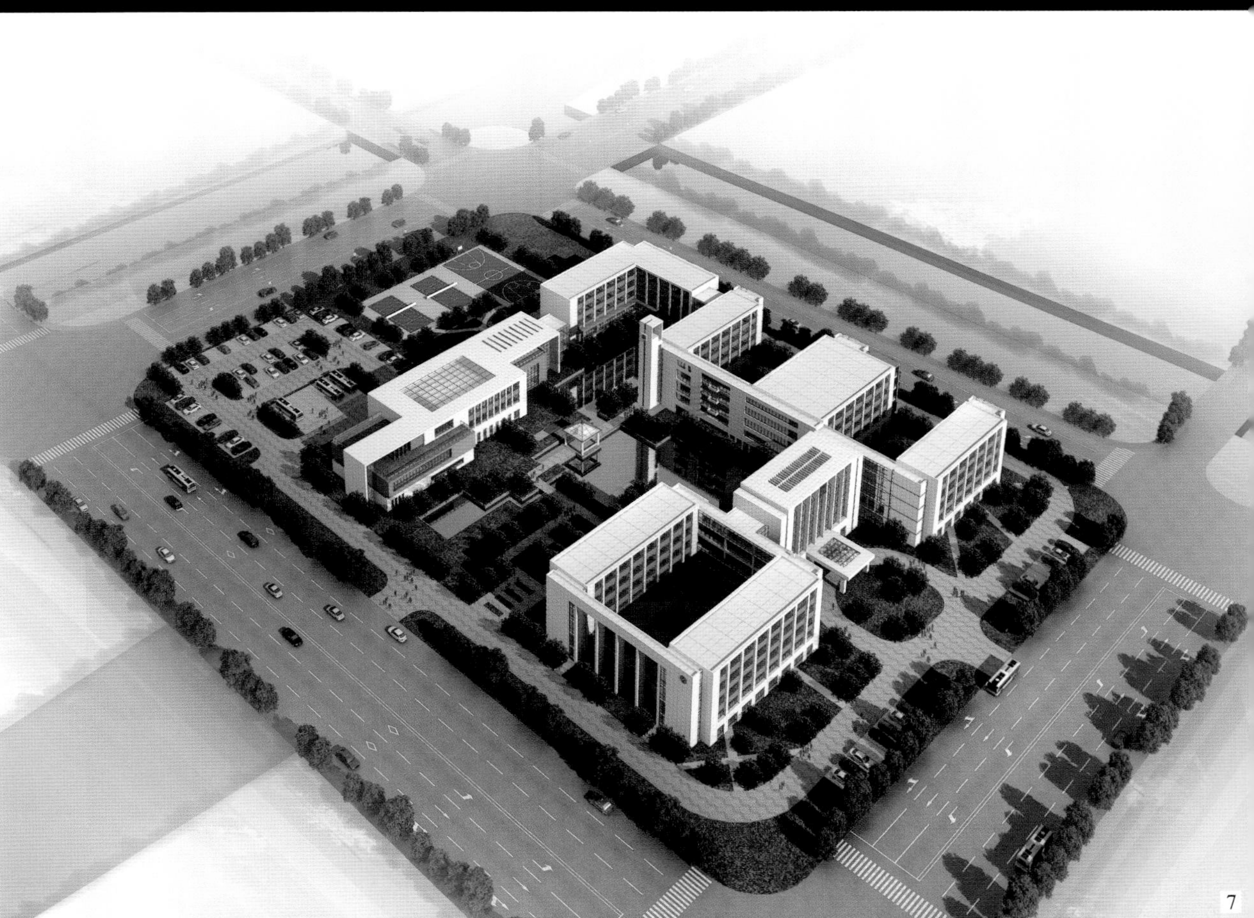

7

6 常州警示教育基地
绘制：上海今尚数码科技有限公司

7 某培训中心
设计：笔奥
绘制：宁波筑景

1 2 3 某培训中心

设计：安徽省城乡规划院
绘制：合肥三立效果图（森筑图文）

4 5 6 长春党校

设计：柏涛设计公司
绘制：深圳瀚方数码图像设计有限公司

4

5

6

1 2 某驾校

设计：宁波市建筑设计研究院
绘制：宁波筑景

3 4 5 电大

绘制：成都亿点数码艺术设计有限公司

3

4

5

1 某图书馆

设计：深圳市联盟建筑设计有限公司

绘制：深圳市深白数码影像设计有限公司

2 3 某图书馆

绘制：上海今尚数码科技有限公司

2

3

1 某图书馆

绘制：杭州弧引数字科技有限公司

2 3 4 5 南宁图书馆

设计：深圳建科院
绘制：深圳市原创力数码影像设计有限公司

4

5

1 机电科技园图书馆

设计：西安建筑科技大学
绘制：西安创景建筑景观设计有限公司

2 某图书馆

设计：松岩勘察设计有限公司
绘制：大连景熙建筑绘画设计有限公司

3

4

3 4 天大图书馆

设计：华汇工程建筑设计
绘制：天津天砚建筑设计咨询有限公司

1 2 某图书馆展示楼

设计：山东同圆设计集团有限公司
绘制：济南雅色机构

3 某图书馆

绘制：上海今尚数码科技有限公司

4 李政道图书馆

设计：杭州正唐建筑设计咨询有限公司
绘制：杭州博凡数码影像设计有限公司

3

4

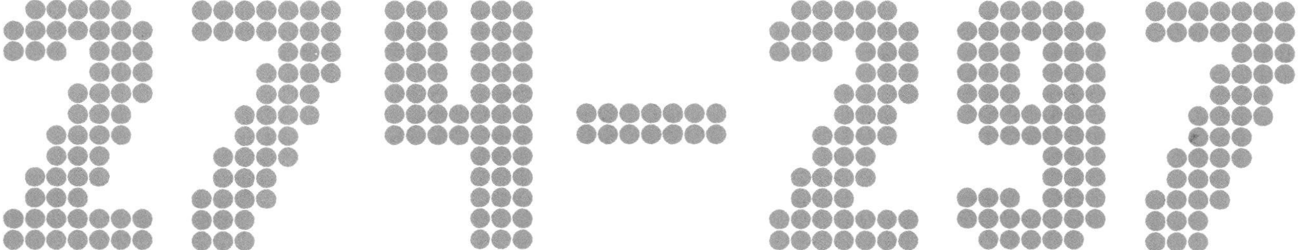
274-297

体育建筑
SPORTS BUILDING
2013 建筑＋表现

海南国际生态文化体育城

设计：上海联创建筑设计有限公司
绘制：丝路数码技术有限公司

1

4

5

1 2 3 4 5 沁阳体育中心

设计：天津市建筑设计院
绘制：天津天砚建筑设计咨询有限公司

■ 1 2 沈阳大学体育馆

绘制：北京图道影视多媒体技术有限责任公司

1

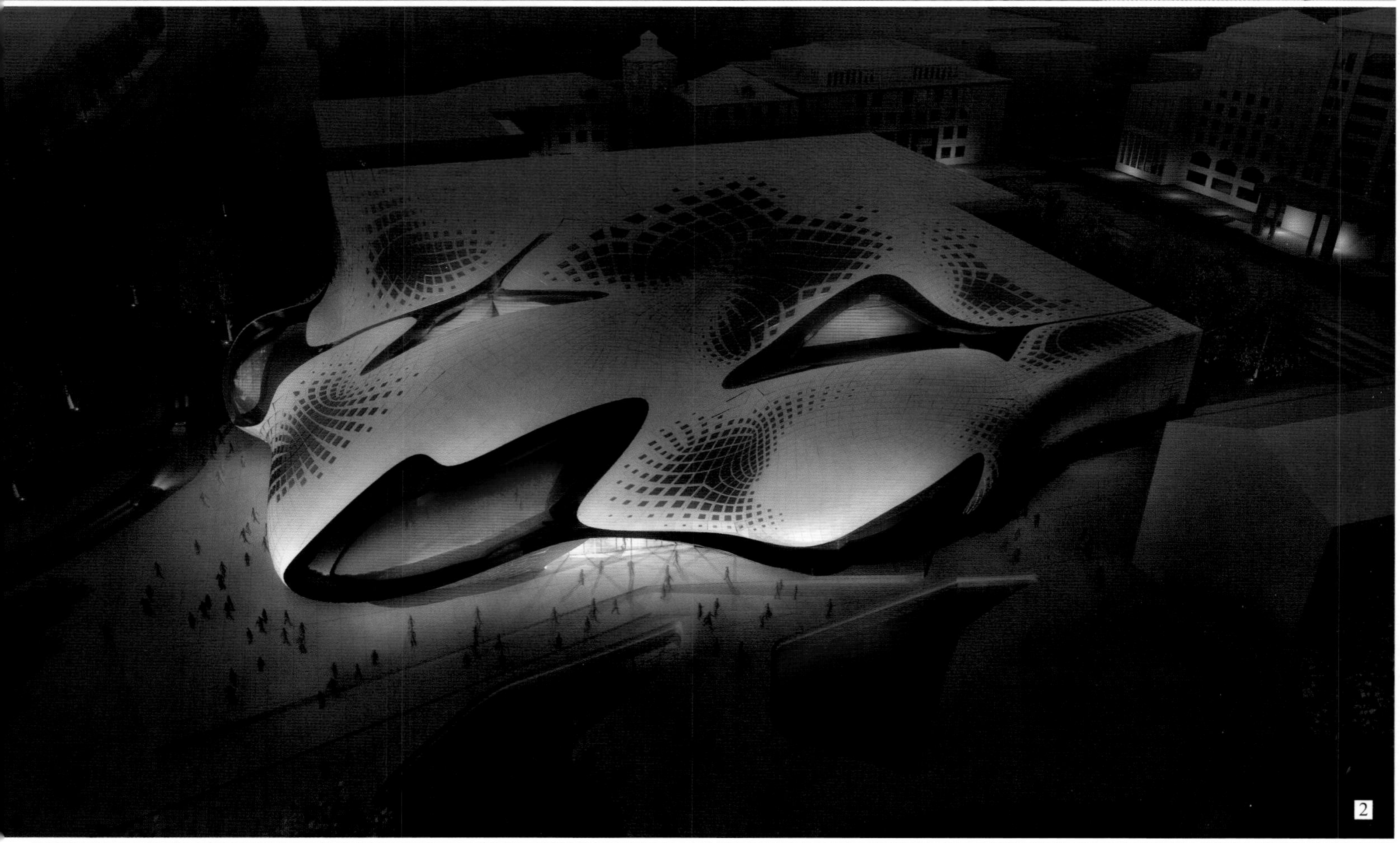

2

■ 3 某场馆

绘制：北京尚图数字科技有限公司

■ 4 沈阳举重馆

绘制：北京图道影视多媒体技术有限责任公司

3

4

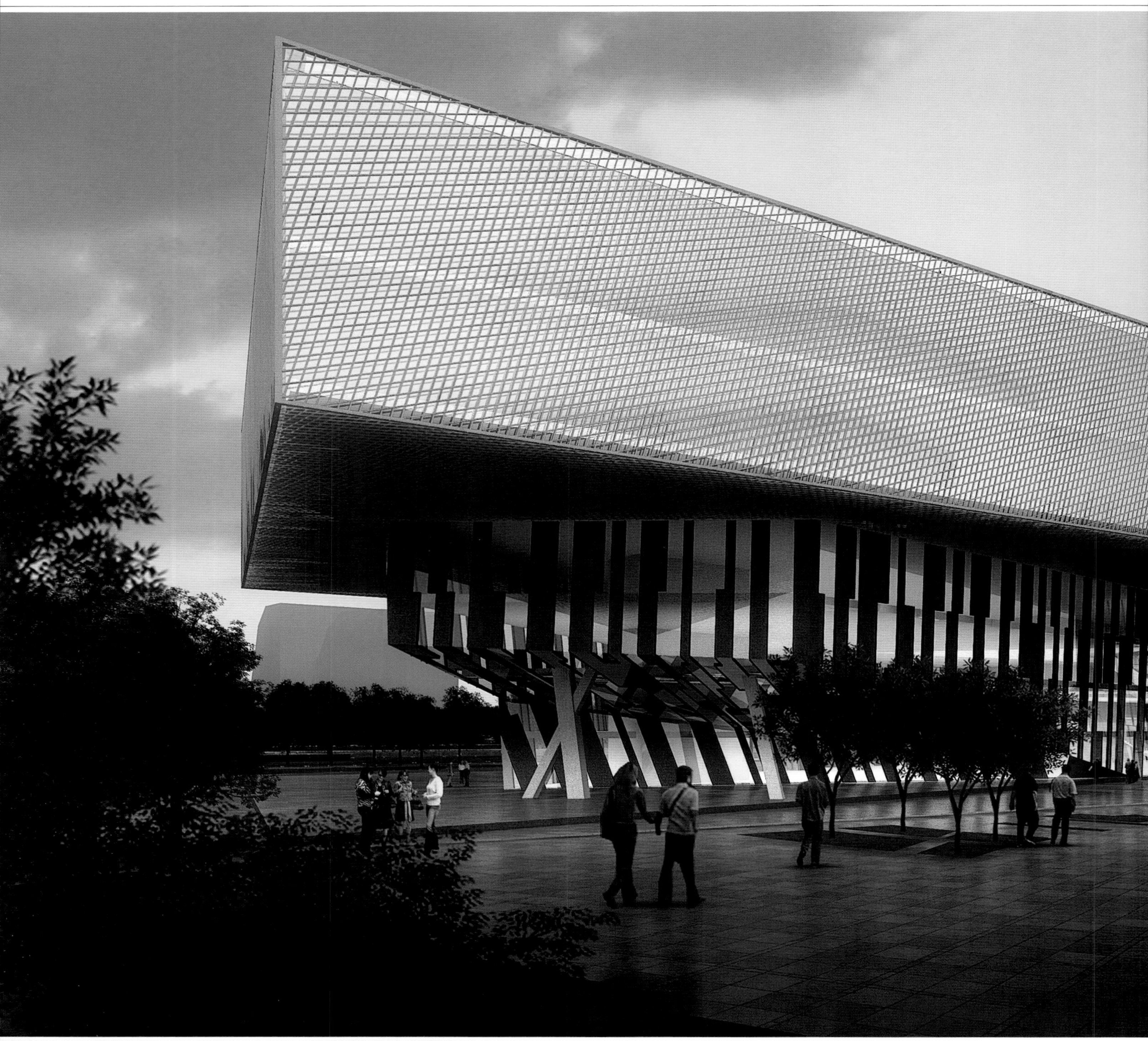

2

1 某场馆

绘制：北京尚图数字科技有限公司

2 抚顺体育馆

绘制：北京意格建筑设计有限公司

3 某体育馆

设计：南京市建筑设计研究院

绘制：西安鼎凡数字科技有限公司

1

3

■1 某羽网馆

设计：北京高能筑博建筑设计事务所
绘制：北京东方豹雪数字科技有限公司

■2 泰州体育公园

设计：泛太平洋设计与发展有限公司
绘制：上海艺筑图文设计有限公司

■3 ■4 ■5 厦门新店中学体育馆

设计：厦门经纬建筑设计院　王乃川
绘制：厦门众汇 ONE 数字科技有限公司

3

4

5

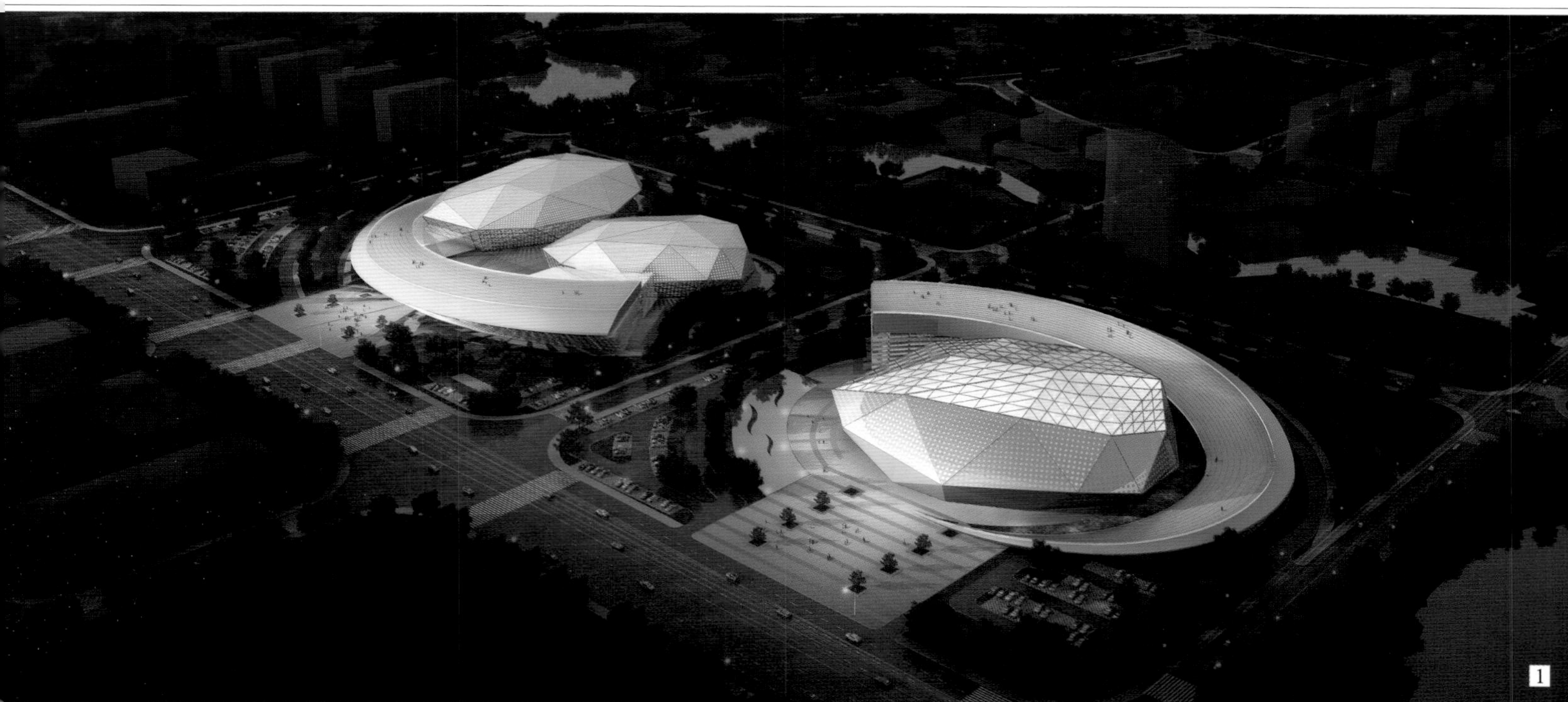

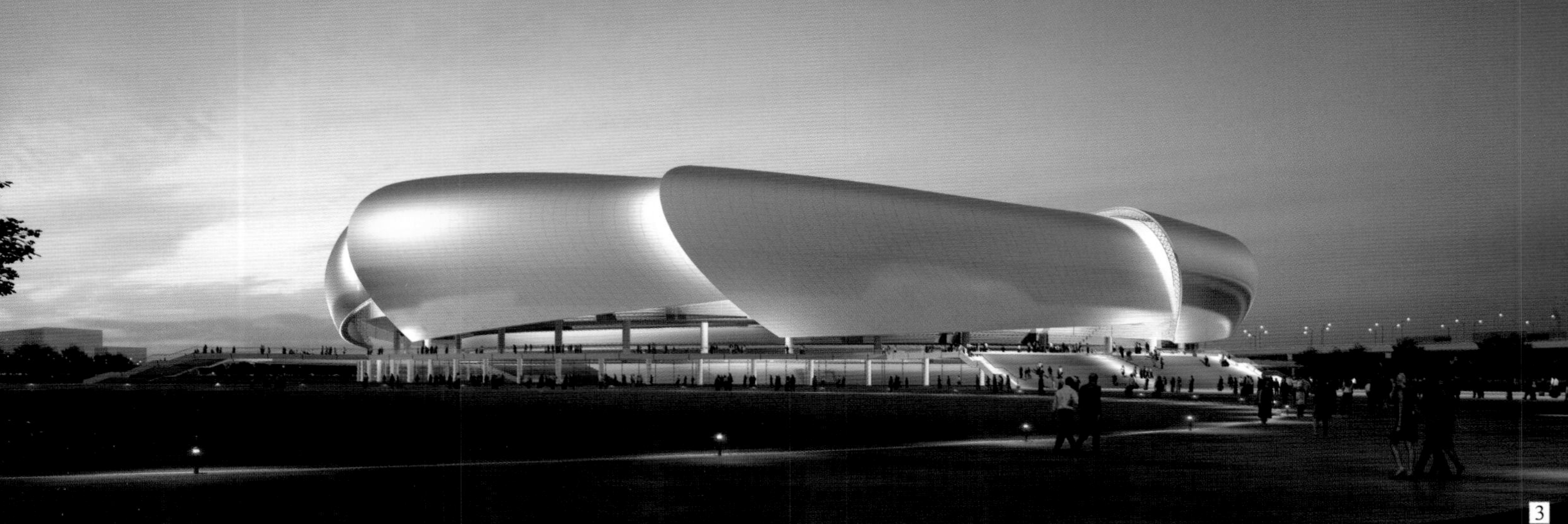

1 博乐体育馆及艺术文化中心
绘制：武汉市自由数字科技有限公司

2 罗田城市规划体育场
绘制：武汉市自由数字科技有限公司

3 4 营口体育中心
绘制：上海今尚数码科技有限公司

5 6 洪山体育中心
绘制：武汉市自由数字科技有限公司

4

5

6

1 2 3 双峰县体育馆

绘制：长沙工凡建筑表现

4 5 6 某体育馆

设计：绿城设计院 邓凝爽

绘制：上海赫智建筑设计有限公司

2

3

4

5

6

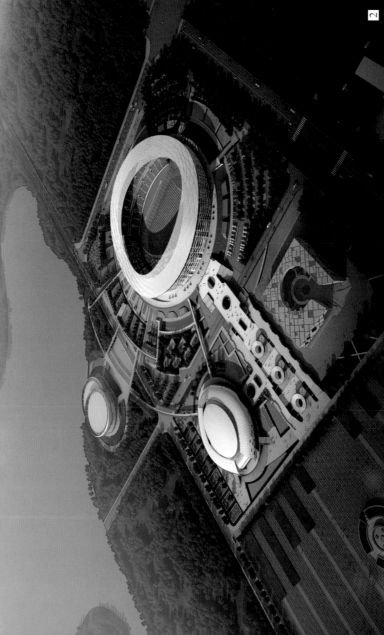

1

1 2 3 仙桃体育馆

绘制：武汉市自由数字科技有限公司

4 某体育馆

设计：戴维德

绘制：北京尚图数字科技有限公司

5 6 某体育馆

设计：哈尔滨工业大学建筑设计研究院

绘制：黑龙江省日盛设计有限公司

2

3

4

5

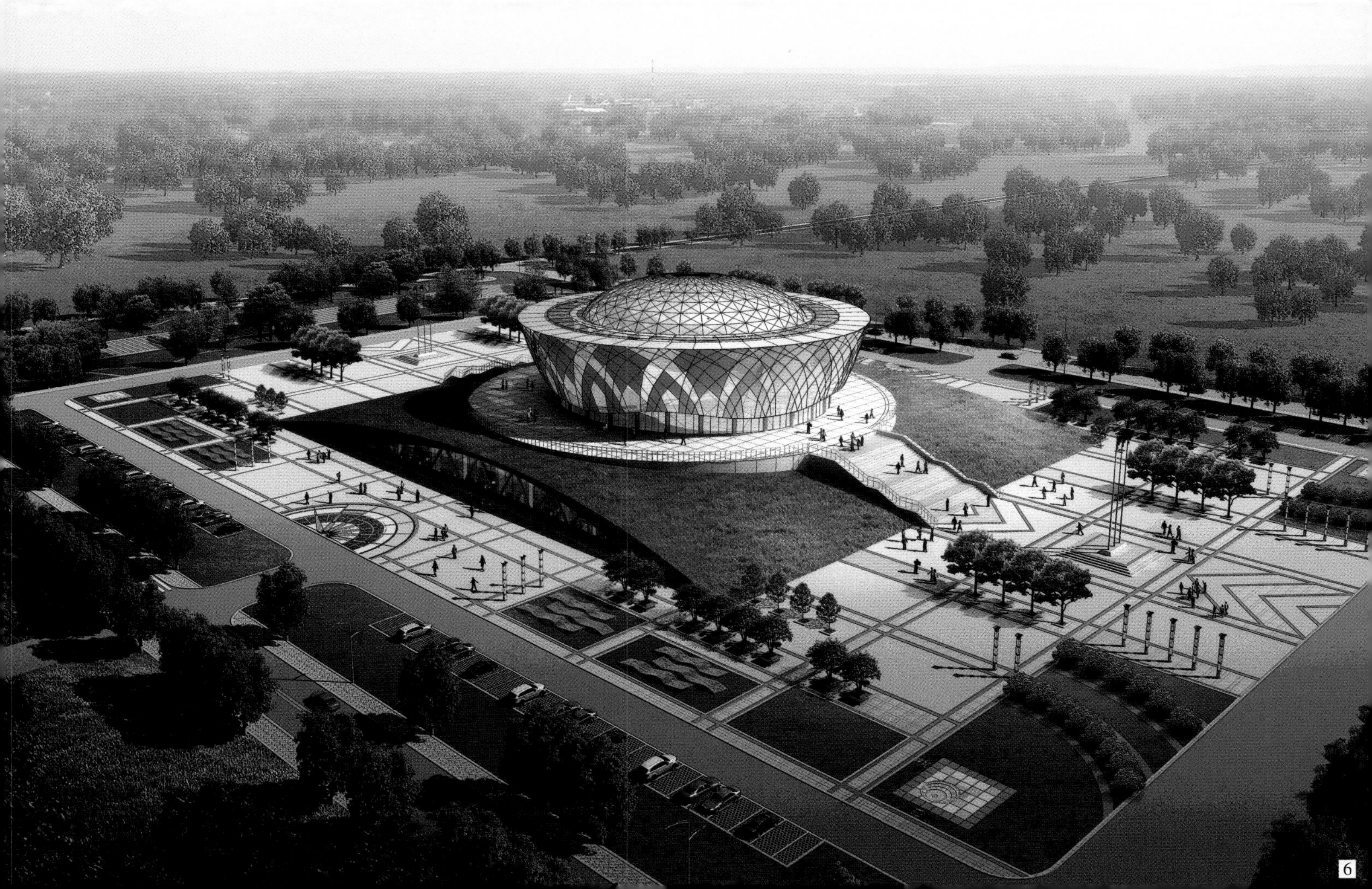

6

1 2 河东体育场方案

设计：天津天唐筑景建筑设计咨询有限公司
绘制：天津天唐筑景建筑设计咨询有限公司

3 某体育馆

设计：宁波市城建设计研究院
绘制：宁波筑景

4 某体育馆

绘制：北京未来空间建筑设计咨询有限公司

5 松原体育馆

设计：哈尔滨工业大学建筑设计研究院
绘制：黑龙江省日盛设计有限公司

3

4

5

1 某社区活动中心

设计：澳大利亚 AE
绘制：深圳市千尺数字图像设计有限公司

2 沈阳滑雪场

绘制：北京意格建筑设计有限公司

3 **4** 承德滑雪场

设计：博地澜屋
绘制：北京尚图数字科技有限公司

5 某训练馆

设计：江西省建筑设计研究院
绘制：南昌浩瀚数字科技有限公司

5

6

6 西藏健身活动中心

绘制：成都亿点数码艺术设计有限公司

7 **8** 瑞麟湾体育馆

设计：北京中翰国际建筑设计有限公司
绘制：北京华洋逸光建筑设计咨询顾问有限公司

9 某体育场

设计：中国瑞林建筑工程技术有限公司
绘制：南昌浩瀚数字科技有限公司

7

8

9

4

5

1 2 3 宁东体育中心

设计：吉仕建筑设计咨询公司
绘制：上海域言建筑设计咨询有限公司

4 5 某体育馆

设计：上海睿博建筑设计有限公司
绘制：上海翼觉建筑设计咨询有限公司

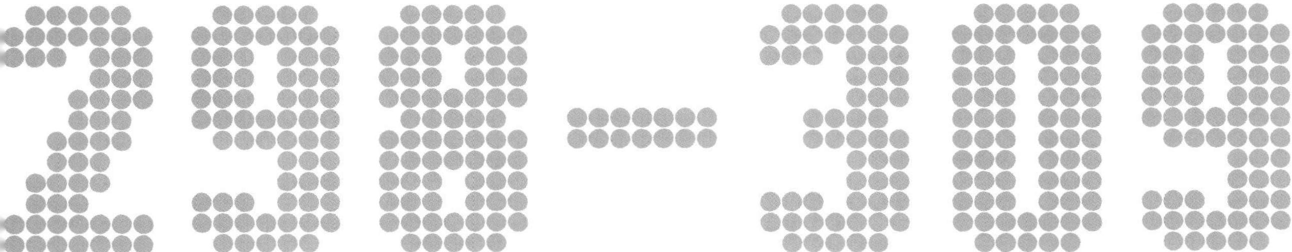

医疗建筑

MEDICAL BUILDING

2013 建筑 + 表现

1 2 3 康宁医院

设计：概念源
绘制：宁波筑景

3

2

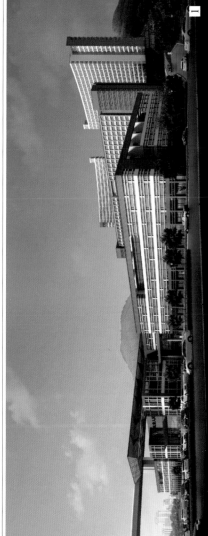

■1 ■2 ■3 重庆市人民医院

设计：中建国际
绘制：深圳市深白数码影像设计有限公司

■4 上海闵行区医院办公楼

绘制：上海携客数字科技有限公司

■5 上海闵行区医院研发楼

绘制：上海携客数字科技有限公司

■6 芜湖传染病医院

设计：上海鼎实建筑设计有限公司
绘制：上海艺筑图文设计有限公司

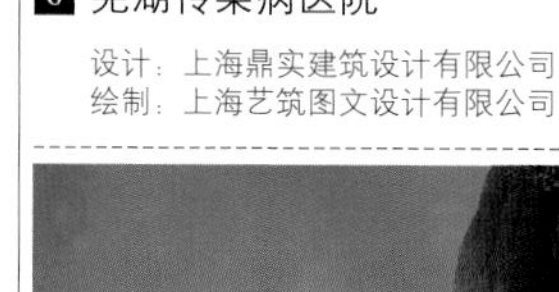
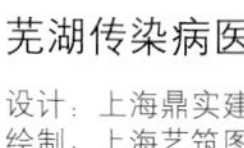
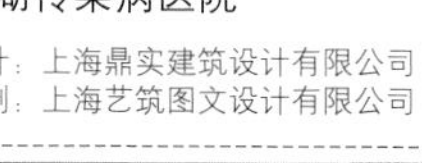

1

2

3

1 苏州二叶药厂改造

设计：上海清九建筑设计有限公司　王松凇
绘制：上海谦和建筑设计有限公司

2 3 4 金山屯养老中心

设计：哈尔滨工业大学建筑设计研究院
绘制：哈尔滨一方伟业文化传播有限公司

5 南京国际健康产业园

绘制：江苏印象乾图数字科技有限公司

6 某医院

设计：概念源
绘制：宁波筑景

7 军粮城老人院

设计：天津市博风建筑工程设计有限公司
绘制：天津天砚建筑设计咨询有限公司

6

7

8 大庆市妇婴医院

设计：哈尔滨工业大学建筑设计院
绘制：哈尔滨一方伟业文化传播有限公司

9 宿迁市妇产儿童医院

设计：南京市建筑设计研究院
绘制：西安鼎凡数字科技有限公司

8

6

1

2

3

4

5

6

7

8

1 2 莱芜人民医院

设计：山东同圆设计集团有限公司
绘制：济南雅色机构

3 瑞安市第五人民医院

设计：浙江嘉华建筑设计研究院有限公司
绘制：温州焕彩传媒

4 某医院

绘制：丝路数码技术有限公司

5 某医院

绘制：上海瑞丝数字科技有限公司

6 景德镇医院

设计：江西省建筑设计研究院
绘制：南昌浩瀚数字科技有限公司

7 某医院

设计：概念源
绘制：宁波筑景

8 某医院

设计：戴维德
绘制：北京尚图数字科技有限公司

1 2 3 4 龙山医院

设计：舟山规划建筑设计研究院

绘制：杭州骏翔广告有限公司

5 6 7 8 厦门海沧生物医药产业园

设计：厦门华炀工程设计有限公司　傅强　杨学良

绘制：厦门众汇 ONE 数字科技有限公司

5

6

7

8

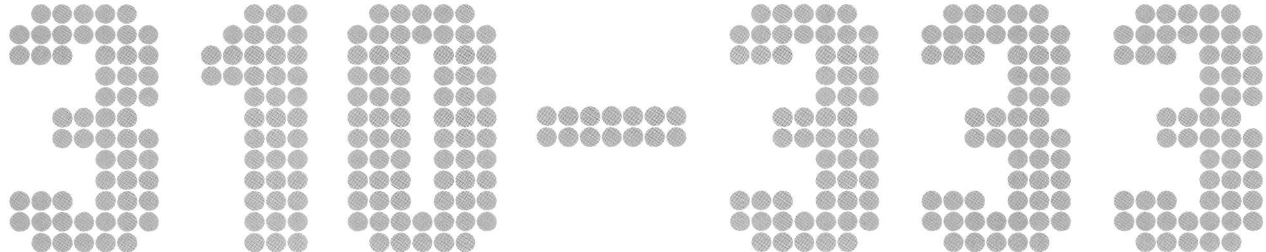

交通建筑

TRAFFIC BUILDING

2013 建筑 + 表现

2

1

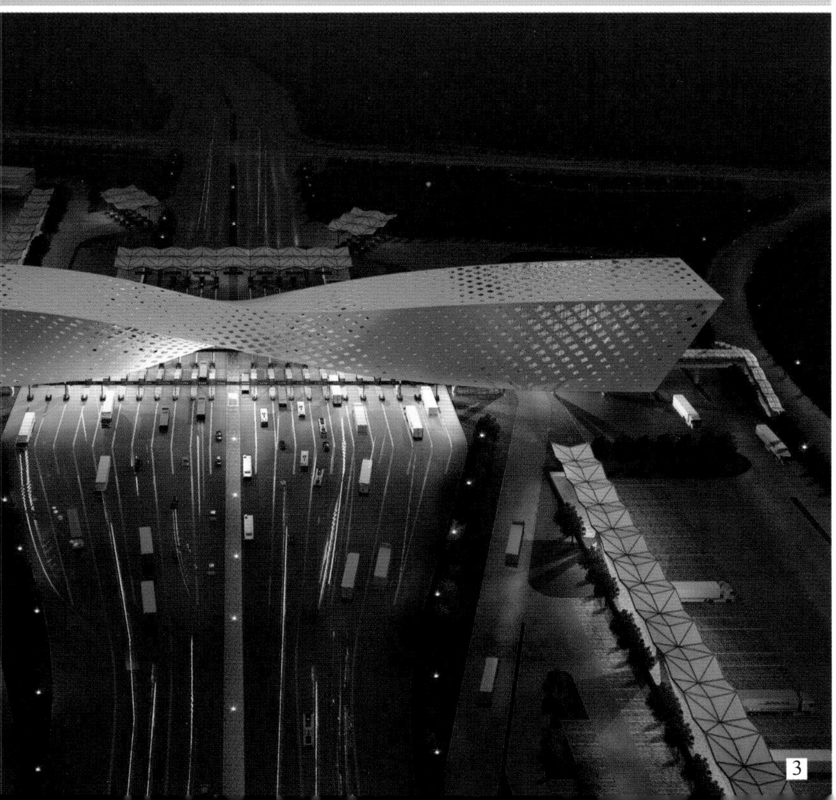

3

1 2 3 横琴二线口岸

设计：深圳东北设计院

绘制：深圳市原创力数码影像设计有限公司

1 2 3 珠海口岸

设计：中建国际
绘制：丝路数码技术有限公司

2

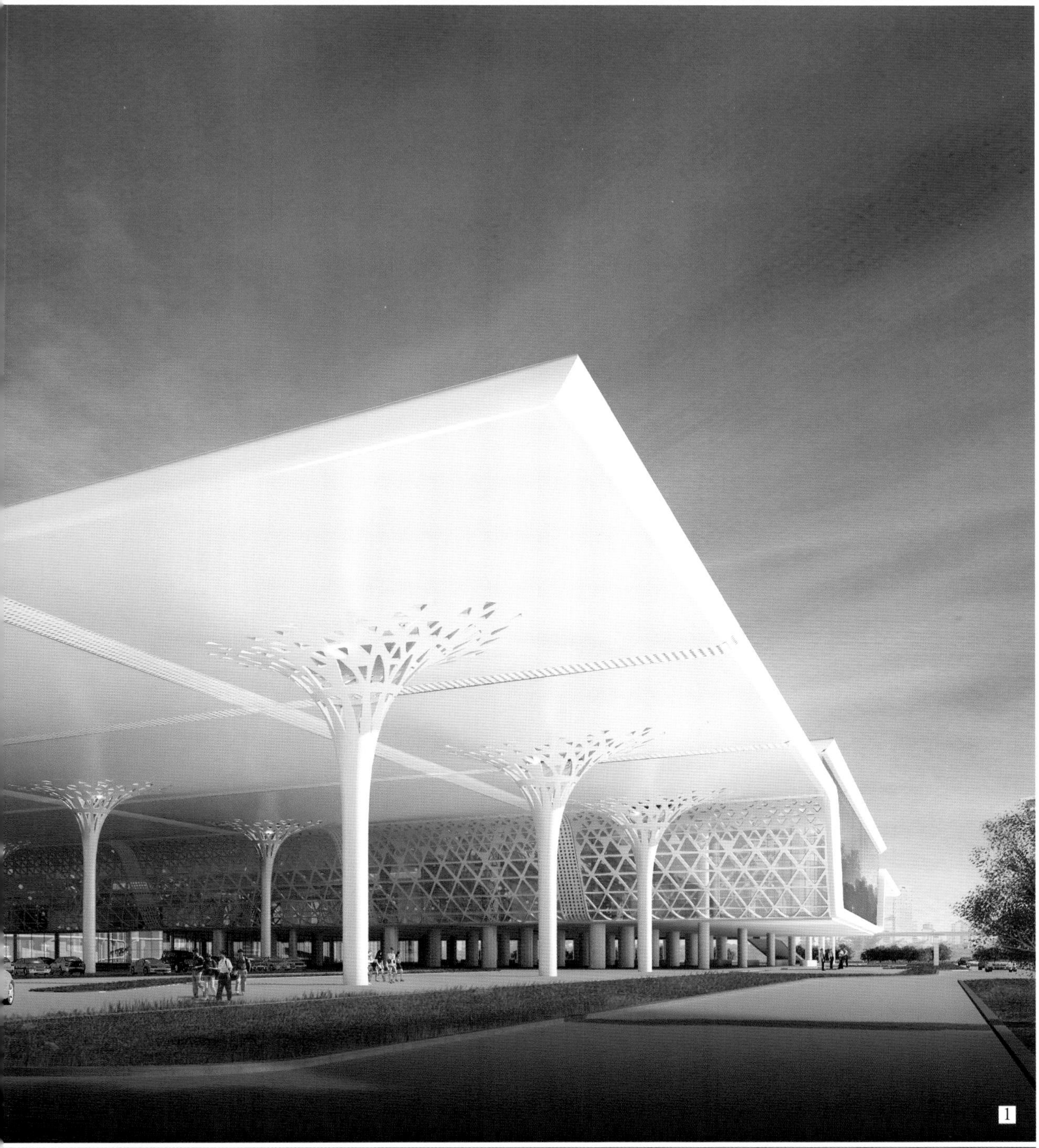

1

3

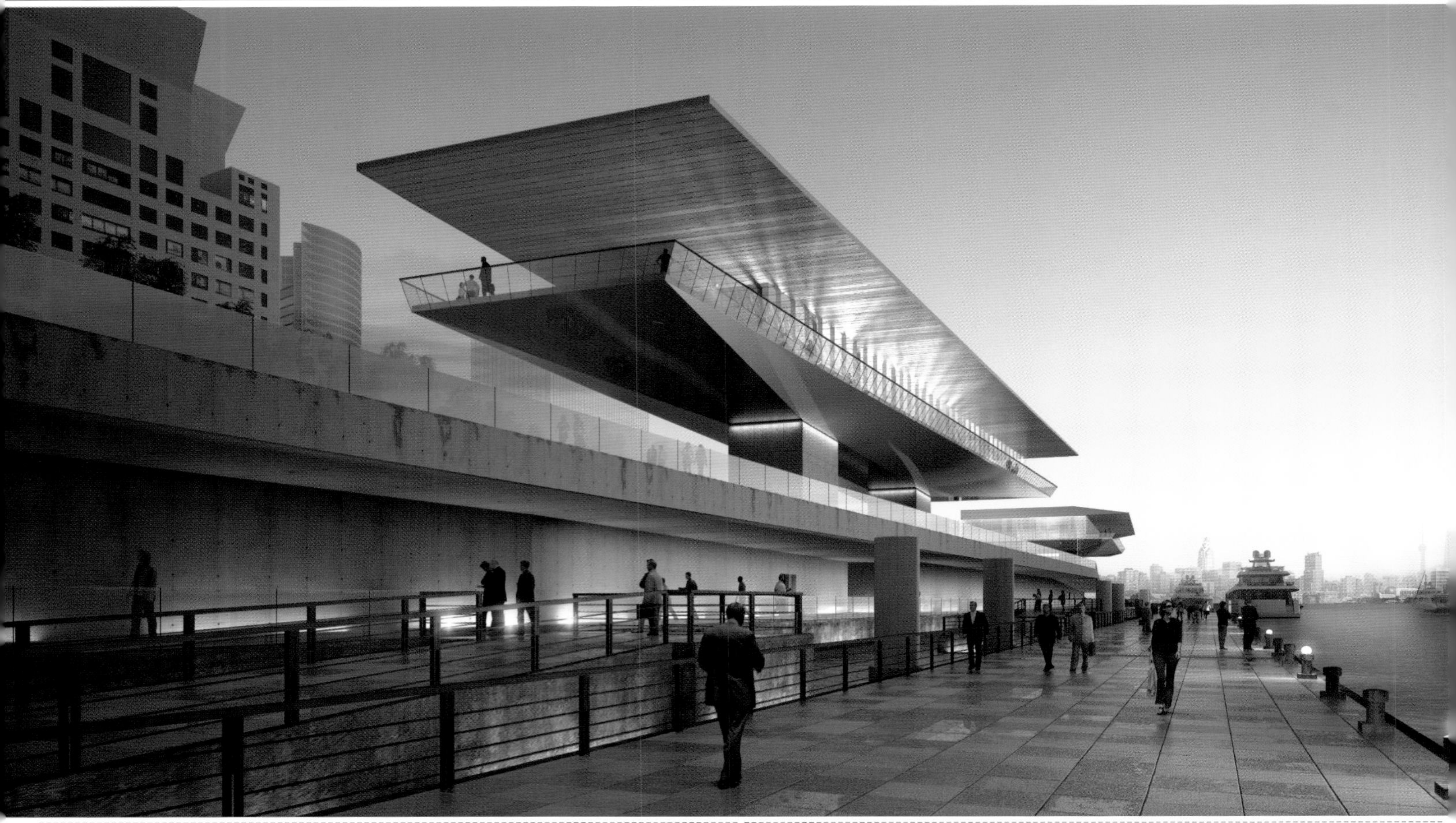

1 十六铺码头

绘制：上海今尚数码科技有限公司

2 3 4 5 深圳莲塘口岸投标

设计：清华苑建筑设计有限公司
绘制：深圳筑之源数字科技有限公司

2

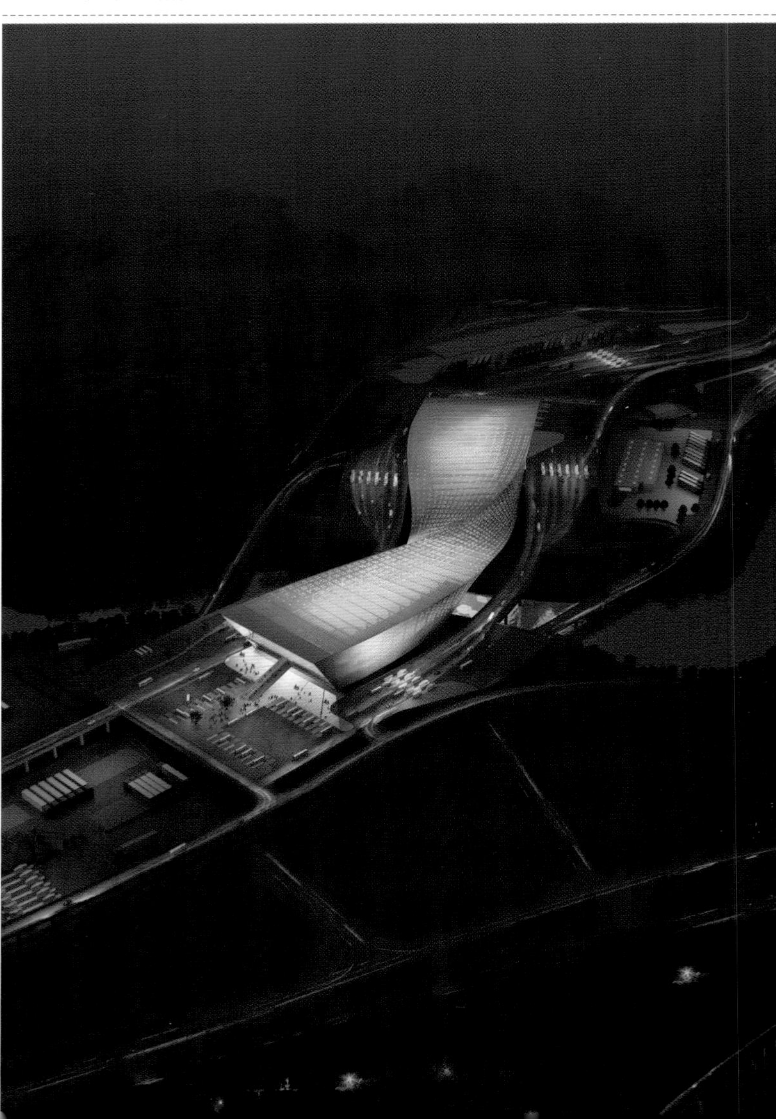

4

5

1

2

1 某航运中心

绘制：上海今尚数码科技有限公司

2 南京某游轮码头

设计：南京九筑行建筑设计顾问有限公司
绘制：彭志涛

3 **4** **5** 民生码头

绘制：上海今尚数码科技有限公司

3

4

5

5

1 井口码头

设计：江西省城乡规划设计院
绘制：南昌浩瀚数字科技有限公司

2 3 4 5 江西西海司马码头游客中心

设计：香港华艺建筑设计
绘制：深圳市水木数码影像科技有限公司

6 东山某码头

设计：拓普院
绘制：苏州蓝色河畔建筑表现设计有限公司

长沙汽车站

设计：长沙 GHD
绘制：北京图道影视多媒体技术有限责任公司

1 苹果园地铁站

设计：华通设计
绘制：丝路数码技术有限公司

2 3 4 南阳汽车站

设计：泛华建设集团有限公司
绘制：河南灵度建筑景观设计咨询有限公司

2

3

4

1

1 2 3 南阳汽车站

设计：泛华建设集团有限公司

绘制：河南灵度建筑景观设计咨询有限公司

4 常州客运东站

绘制：江苏印象乾图数字科技有限公司

5 枞阳汽车客运站

设计：上海群马建筑设计咨询有限公司

绘制：上海翼觉建筑设计咨询有限公司

2

3

4

1 2 3 4 重庆机场

设计：东南大学建筑设计研究院有限公司
绘制：南京土筑人艺术设计有限公司

1

2

3

4

1 2 3 4 重庆机场

设计：东南大学建筑设计研究院有限公司
绘制：南京土筑人艺术设计有限公司

1

2

3

4

1 某客运站

绘制：南昌浩瀚数字科技有限公司

2 龙泉公交集团

设计：温州城市规划设计院锦凡工作室
绘制：温州焕彩传媒

3 丹东客运站改造

设计：上海峻筑建筑设计有限公司
绘制：上海携客数字科技有限公司

4 伊春客运站

设计：天宸设计
绘制：黑龙江省日盛设计有限公司

5 鸡西客运站

设计：天宸设计

绘制：黑龙江省日盛设计有限公司

6 杭州火车东站入口

设计：德包豪斯建筑规划设计（杭州）有限公司

绘制：杭州博凡数码影像设计有限公司

4

5

6

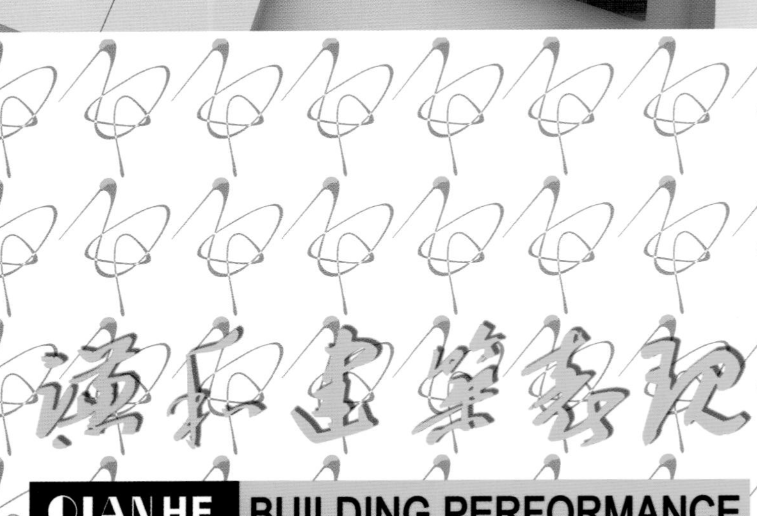

建筑三维动画、建筑表现、视觉表现、拍摄、工业设计

地址：上海市中山北路2790号杰地大厦803室　电话021-61392462

上海携客数字科技有限公司

XIEKE

God is in the detail.

掉了一颗钉子，就坏了一个马掌；坏了一个马掌，就毁了一匹战马；毁了一匹战马，就输掉了一场战役；输掉了一场战役，就毁灭了一个王国

垂询方式：

电话：021-55079661

手机：15021677619

QQ：690014408

上海携客数字科技有限公司

地址：上海市杨浦区赤峰路 59 弄 6 号楼 1001

传真电话：021-55079661-816

邮政编码：200092

Contact:

Tel: 021-55079661

Mob: 15021677619

QQ: 690014408

Shanghai Xieke Digital Graphic Co. Ltd.

Add: 59 Chifeng Rd., Building 6, 1001.Shanghai.

Fax: 021-55079661-816

Post code: 200092

建筑效果图	Architectural Rendering
3D 动画	3D Animation
多媒体	Multimedia
虚拟现实	Virtual Reality
城市数字影片	Digital Urban Animation
楼盘数字销售系统	Digital Sale System for RealEstate
展览展示	Exhibition

敬请 加盟 垂询

更多精彩 www.yizoodesign.com

INNOVATION NEVER STOP

Phone:(0086) 021-65015536

Mobie:13564602159 13764630163

E-mail:archrender@126.com

Address:上海市 杨浦区 大连路1546号，国中酒店公寓A座18A

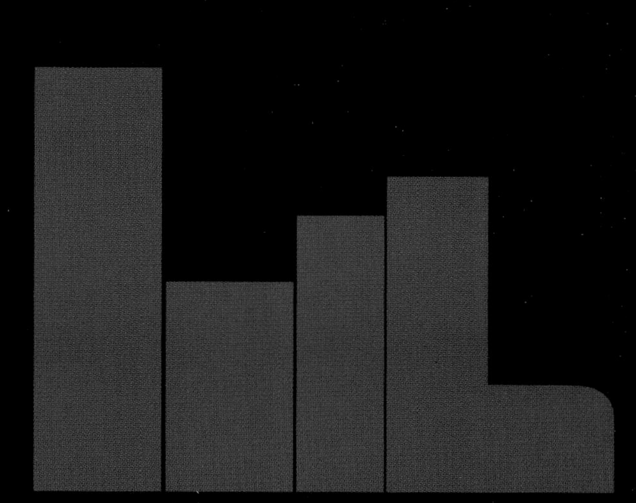

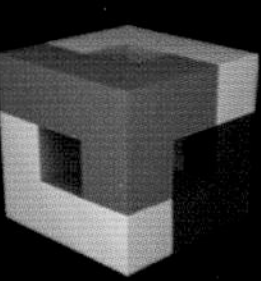

翼觉建筑设计咨询有限公司

SHANGHAI YIJUE ARCHITECTURE DESIGN CONSULTATION CO..LTD

地址:上海市大连路1546号2号楼12楼C座

电话:021-33778505

EMAIL:YIJUE7911@163.COM

右

上海域言建筑设计咨询有限公司
60953020

PS
東方豹雪
ORIENT.PS

HYPER-RECKON
中国北京市海淀区北三环西路 43 号 21A
(青云国际研发中心 A 座 116 室) 100086
+8610-88131628